投资项目环境影响经济评价参数体系研究

住房和城乡建设部标准定额研究所　主编

中国计划出版社

2012　北　京

图书在版编目（CIP）数据

投资项目环境影响经济评价参数体系研究／住房和城乡建设部标准定额研究所主编．—北京：中国计划出版社，2012.2

ISBN 978-7-80242-708-2

Ⅰ．①投…　Ⅱ．①住…　Ⅲ．①投资项目－环境影响－经济评价－研究　Ⅳ．①X196

中国版本图书馆 CIP 数据核字（2011）第 260558 号

投资项目环境影响经济评价参数体系研究

住房和城乡建设部标准定额研究所　主编

☆

中国计划出版社出版

（地址：北京市西城区木樨地北里甲 11 号国宏大厦 C 座 4 层）

（邮政编码：100038　电话：63906433　63906381）

新华书店北京发行所发行

北京世知印务有限公司印刷

787×1092 毫米　1/16　13 印张　318 千字

2012 年 2 月第 1 版　2012 年 2 月第 1 次印刷

印数 1—4000 册

☆

ISBN 978-7-80242-708-2

定价：78.00 元

《投资项目环境影响经济评价参数体系研究》

编制单位和审编人员名单

主编单位： 住房和城乡建设部标准定额研究所

参编单位： 中国农业大学人文与发展学院

主　　审： 胡传海

主　　编： 朱　洪　靳乐山

参编人员： 刘春林　胡振通　刘　咏　巩　朦　林　艳　秦咸悦　史富文

前　言

《投资项目环境影响经济评价参数体系研究》是根据原建设部下达的任务，由住房和城乡建设部标准定额研究所组织有关单位和专家共同编制完成的。

在编制过程中，编制组开展了广泛深入的调查研究，收集了大量资料，在认真分析总结我国环境影响经济评价参数体系发展与应用现状的基础上，开展专题研究，通过对基于行业、环境要素和环境影响受体等可能的三种参数体系构建方式之间进行比较，提出建议使用基于环境要素的参数体系。

这一体系包括环境影响价值参数基准值及其相应的调整系数，课题组重点构建了环境影响价值参数基准值体系，包括大气污染物损害参数、水污染损害参数、土地损害参数和生态损害参数四大类。同时，环境要素的变化受多方面影响，应对参数基准值进行一定的调整，重点建立相应的地区调整系数体系。环境影响经济评价有各种参数测算方法，课题组根据已有资料对二氧化硫污染价值参数、水土流失损失价值参数、景观价值参数和温室气体排放价值参数等部分重点参数进行了取值测算尝试。

本书从立项到成稿历时约四年，期间数易其稿，并多次征求专家、学者和实际工作者的意见，成稿反映了编者对目前我国环境影响经济评价参数体系的认识以及对构建这一体系的建议。值本书出版之际，谨对本书写作过程中给予支持和帮助、提出修改意见的单位和个人表示诚挚的感谢，也同时希望本书能对推动我国环境影响经济评价的科学决策作出微薄的贡献。

编　者

2011年11月

目　录

1 概 述

1.1 投资项目环境影响经济评价

2004年7月，国务院颁布了《国务院关于投资体制改革的决定》（国发〔2004〕20号），对原有的投资体制进行了一系列改革，并确定了对不使用政府性资金投资建设的项目，一律不再实行审批制，区别不同情况实行核准制和备案制。其中，政府仅对重大项目和限制类项目从维护社会公共利益角度进行核准，其他项目无论规模大小，均改为备案制。所以，中国目前投资项目的审核体制主要分为三类：审批制、核准制、备案制。

审批制适用于政府投资项目，这些项目往往关乎国家安全和社会公众利益，常常涉及不能由市场自发主动地进行有效配置的经济和社会领域，需提交审批项目建议书和项目可行性研究报告。项目可行性研究报告主要包括项目建设的必要性、财务的盈利性、经济上的合理性、技术上的先进性和适应性以及建设条件的可能性和可行性。

核准制适用于不使用政府性资金投资建设的重大和限制类固定资产投资项目，分为农林水利、能源、交通运输、信息产业、原材料、机械制造、轻工烟草、高新技术、城建、社会事业、金融、外商投资、境外投资共十三个类别［见《政府核准的投资项目目录》(2004年本)］，符合相应条件的项目需提交项目申请报告。项目申请报告主要是对该项目“外部性”和“公共性”作出评价，是可行性研究报告的简化版，申请报告不再包括投资项目市场前景、经济效益、产品技术方案等需要由企业自主判断决策的内容，仅把原可行性研究报告的内容中“需政府决策”部分留在了项目申请报告中，即要求政府从投资项目的合法性、环境和生态影响、经济和社会效果、资源利用和能源耗用等方面对其进行分析。

备案制适用不使用政府性资金投资建设的、《政府核准的投资项目目录》(2004年本)以外的项目，这些项目需要完成备案手续。对于实行备案制的项目，企业仅需按属地原则向地方主管部门备案即可。

需要政府审批的政府投资项目以及需要政府核准的企业投资项目，往往涉及外部性问题，外部性分为正外部性和负外部性，正外部性是指一种经济活动给外部造成积极影响而并未为此获得支付，引起他人效用增加或成本减少，如水利项目的防洪、除涝、水环境保护等对生态环境的改善效果等；负外部性是指一项经济活动对外部造成一定的损害而并未为此承担成本，引起他人效用降低或成本增加，如工业排放的污水造成环境污染、铁路建设工程带来水土流失、火力发电厂工程带来空气和水污染等。

为了在项目评价中反映投资项目对整个社会的全部成本和全部收益，包括环境成本和环境效益，在项目可行性研究报告和项目申请报告中都要求向环保部门提交环境影响评价报告，有关内容纳入整个投资项目经济评价中。

所谓环境影响经济评价，是指估算某一投资项目所引起环境影响的经济价值，并将环境影响的价值纳入项目的经济评价（经济费用效益分析）中去，以判断这些环境影响对该项目的可行性会产生多大的影响。对负面的环境影响，估算出的是环境成本（或环境损害)；对正面的环境影响，估算出的是环境效益。不管是环境成本（环境损害)，或是环境效益，最后都要纳入项目的经济分析中去，以判断这些环境影响在多大程度上影响了项目的可行性。

为了更好地推进环境影响经济评价工作，我们必须建立环境影响经济评价参数体系，这有助于将环境成本和环境效益纳入项目的经济评价和环境影响评价体系，有助于环境影响经济评价工作的规范化。

1.2 环境影响经济评价与建设项目经济评价、环境影响评价之间的关系

根据《建设项目经济评价方法与参数》(第三版)，环境影响经济评价是建设项目经济评价的一部分。建设项目经济评价需要评估建设项目的成本和收益，其中的经济费用效益分析要求评估项目的社会成本，即社会为项目付出的全部成本，包括厂商要支付的私人成本和未支付的外部成本。外部成本包括建设项目造成不良环境影响的成本。要尽可能把建设项目的环境影响纳入建设项目的经济评价，需要对环境影响的经济价值进行估算，这就构成环境影响的经济评价。

环境影响经济评价也是建设项目环境影响评价的一部分。《中华人民共和国环境影响评价法》(以下简称《环境影响评价法》) 要求环境影响评价的内容包括七个方面，其中第五个方面是“建设项目对环境影响的经济损益分析”，要求尽可能量化和货币化环境影响，并纳入项目经济分析中。这就是环境影响的经济评价。

环境影响经济评价与建设项目经济评价和建设项目环境影响评价三者之间的关系可以用图 1-1 来表示。

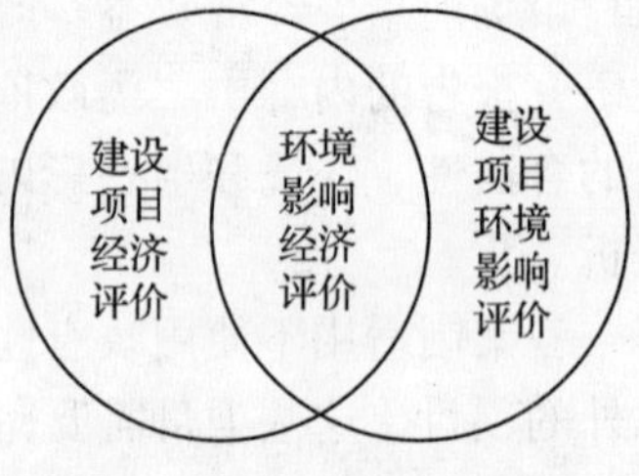

图 1-1 环境影响经济评价与建设项目经济评价、环境影响评价之间的关系

图 1-1 展示了三者之间存在以下两方面关系：

首先，环境影响经济评价是建设项目经济评价和建设项目环境影响评价相交汇的领域。环境影响经济评价是建设项目经济评价的一部分，也是建设项目环境影响评价的一部分。建设项目经济评价中要求的环境影响经济评价，与建设项目环境影响评价中要求的环境影响经济评价（环境影响的经济损益分析)，虽然切入点不同，但评价内容在本质上是相同的。

其次，环境影响经济评价不仅基于建设项目经济评价，而且基于建设项目环境影响评价。它基于建设项目经济评价，是因为环境影响经济评价的结果需要纳入项目经济评价中，才能最终判断项目环境影响对项目可行性的影响大小。也就是说，只有借助于项目经济评价，才能最终完成环境影响经济评价。它基于建设项目环境影响评价，是因为在环境影响货币化之前，需要识别主要环境影响、量化环境影响（实物量）并考虑污染的控抑措施，而这些正是建设项目环境影响评价的重要内容。

在实际评价中，环境影响经济评价所需的数据可能超出环境影响评价通常收集的数据范围，也可能超出项目经济评价通常所收集的数据范围，这时，环境影响经济评价就需要

收集超出环境影响评价和经济评价通常范围的数据。

环境影响经济评价的顺利进行离不开相应的参数，环境影响经济评价参数的功能与建设项目国民经济评价参数的功能是相似的。环境影响经济评价参数是为了将非市场物品——环境影响的价值揭示出来。国民经济评价参数中的土地影子价格、影子工资、影子汇率等参数的功能，是为了将价格有所扭曲的土地、工资、汇率等的完全市场价格揭示出来。即：

环境影响经济评价参数：揭示非市场物品——环境影响的价值；

国民经济评价参数：揭示非完全市场物品——土地、工资、汇率的真实价格。

虽然是扭曲价格，但有市场价格总比无价格更容易接近达到物品的真实价格。所以，环境影响经济评价参数的测定比国民经济评价参数的测定更加困难。

1.3 环境影响经济评价的方法和参数

环境影响经济评价一般遵循以下四个步骤：

第一，识别和筛选环境影响。从识别出来的全部环境影响中，筛选出重要的、可能被量化和货币化的外部环境影响。经过筛选过程后，全部环境影响将被分成三大类：一类环境影响是被剔除、不再做任何评价分析的影响，如那些内部的环境影响、小的环境影响以及能被控抑的影响等；另一类环境影响是需要做定性说明的影响，如那些大的但可能很不确定的影响、显著但难以量化的影响等；最后一类环境影响就是那些需要并且能够量化和货币化的影响。

第二，量化环境影响。对筛选出来的环境影响进一步量化。如项目排放的污染物会在多大范围内引起大气污染物浓度多大幅度的变化，该污染物浓度的升高会影响多大规模的人群的疾病发病率和死亡率的多大变化。在许多情况下，环境影响评价中对环境影响的量化仅限于排放污染物的数量和浓度，没有进一步量化污染对受体（人群健康、工农业生产、自然福利等）的影响程度。在环境影响经济评价中，需要进一步量化项目污染对受体的影响大小。

第三，环境影响的价值评估。即评估出环境影响的货币化价值，这是环境影响经济评价中最关键的一步，也是环境影响经济评价的核心。需要应用特定的环境价值评估方法，评估出环境影响的经济价值。

第四，将环境影响的经济价值纳入项目经济分析。这是环境影响经济评价的最后一步，把环境影响经济价值纳入项目经济分析，以判断项目的这些环境影响将在多大程度上影响项目的可行性。例如，将环境影响的价值纳入项目经济分析后计算项目的净现值和内部收益率，看其是否显著改变了项目财务分析得出的相应评价指标值，在多大程度上改变了原有的可行性评价指标，将环境成本纳入项目的经济分析后，看其是否使得项目变得不可行，以此判断项目的环境影响在多大程度上影响了项目的可行性。

环境影响经济评价中的核心方法是环境影响价值评估方法，也称环境价值评估技术。环境经济学发展出了一系列非市场物品的价值评估方法，用于评估环境影响的经济价值。如旅行费用法，用于评估景观游憩价值；隐含价格法，用于评估房地产周边环境的价值；意愿调查法，用于评估大气污染造成损害的价值等。本书第三章将对环境价值评估方法做进一步介绍。

在评估环境影响的经济价值时，评价人员迫切需要诸如单位景观价值、单位污染损害价值、单位健康损害价值、统计生命价值等参数。有了这些参数，环境影响经济评价就有了统一的评价尺度，评价工作也更容易开展。

1.4 我国环境影响经济评价参数工作的现状和问题

随着环境保护与可持续发展观念越来越深入社会大众，越来越多的项目需要对环境影响的经济价值进行评估，评价人员对环境影响经济评价参数的需求也越来越大。但环境影响经济评价参数工作在我国刚刚起步，仅有一些专家对个别参数的估算研究，尚未建立环境影响经济评价参数体系，因此远远不能满足环境影响经济评价的需要。

我国目前环境影响经济评价参数工作落后于需求的原因主要包括以下几个方面：

第一，我国环境影响经济评价所依据的基础研究相对薄弱，如对环境价值的评估技术仍处于引进消化和吸收阶段，对主要类型环境影响，如大气污染、水污染、景观影响、生态影响等的价值评估案例研究大约不到200个，仍处于探索阶段。而北美仅对景观游憩价值的评估案例研究就超过1200个。

第二，环境影响经济评价参数的确定比较困难，涉及评估大量的案例研究。而且参数需要不断更新，最好每两年更新一次，更新间隔不宜超过五年，更新周期短，加大了建立参数体系的工作量。

第三，为了建立和不断更新环境影响经济评价参数体系，需要建立一个环境价值评估案例数据库，并不断更新该案例数据库。这也为参数体系的建立增加了难度。

尽管存在诸多困难，但环境影响评价工作迫切需要建立参数体系。因此，启动环境影响经济评价参数工作，逐步建立参数体系并不断完善，以满足评价工作的需要，已是当务之急。

1.5 构建环境影响经济评价参数体系

构建环境影响经济评价参数体系，是落实科学发展观和可持续发展理念以及节能减排的政策要求，以使政府投资的建设项目以及需要政府核准的企业投资项目能在项目评价中反映建设项目对整个社会的全部成本和全部收益，包括环境成本和环境效益；同时，这一参数体系应具有兼容性、动态性、区域性、层次性，有利于促进环境影响经济评价工作的规范化。

1.5.1 兼容性

环境影响经济评价参数体系要既能在建设项目经济评价中适用，又在建设项目环境影响评价中适用。《建设项目经济评价方法与参数》（第三版）中的“经济费用效益分析”部分，要求尽量量化和货币化环境影响，并把环境成本或效益纳入项目的经济分析中。《环境影响评价法》中的“环境影响经济损益分析”部分，要求对建设项目环境影响尽可能货币化，以判断项目环境成本或环境效益对项目可行性的影响。构建环境影响经济评价参数体系，要确保它在两类评价中都能适用。

1.5.2 动态性

环境影响经济评价参数体系中，参数取值应动态更新。环境影响经济评价参数会随着地区经济发展水平、污染治理程度、技术状况、环境保护意识以及环境信息公开程度等的变化而变化。环境影响经济评价参数的值不是常量，要随社会经济等条件的变化而变化。

1.5.3 区域性

环境影响经济评价参数应该因地而异。环境是有明显区域特征的自然要素，不同区域有不同的地形、地貌，雨量、风向，人口密度和经济发展水平等。等量的污染物排放在不同的环境中，会产生不同的环境影响。不同区域的人群对同样的环境影响会有不同的感受和损害值。环境影响经济评价参数应该考虑环境影响的区域特征。

1.5.4 层次性

环境影响经济评价参数体系应有层次性。环境影响价值参数基准值包括针对大气污染、水污染、土地污染与占用以及生态破坏等四个大方面的环境影响价值。每一方面都可以分为主要影响源（污染物、生态破坏等）和次要影响源。在参数测算中，应首先测算这些主要污染物造成的环境影响的价值。

环境影响经济评价参数体系的层次性还表现在地区调整系数中。对环境影响价值参数基准值的地区调整系数，可以首先在大的区域（如省级行政区）取值，以满足一般项目评估需要。随着参数测定的进展，大的区域可以进一步细分为小的区域，如江苏可以进一步分为苏南和苏北分别取值，陕西可以进一步分为陕北黄土高原、关中平原和陕南秦岭山区分别取值。

参数体系虽尽量完整，但仍无法囊括全部环境影响。这时，评估人员应依据参数测定方法来对部分新的环境影响价值进行测算。

建立完整参数体系的目标是将已有环境影响经济评价研究概化、简化和定化，为项目、规划和政策的经济评价和环境评价提供定额手册式技术支持。

2 环境影响经济评价参数体系

2.1 可能的参数体系及其比较

投资项目环境影响经济评价涉及一系列参数，这一系列参数构成了一个相对独立而又完整的体系，我们称之为环境影响经济评价参数体系。环境影响经济评价参数体系的构建可以有多种方式，主要包括基于投资项目所属行业的参数体系、基于环境要素的参数体系以及基于环境影响受体的参数体系等。

2.1.1 行业参数

同一行业的不同投资建设项目，其环境影响有很大的相似性，如燃煤电厂的大气 SO_2 和粉尘污染、水电站的河流生态影响、造纸厂的 COD 等水污染以及高速公路项目的水土流失等。如果针对各个行业，有对应的环境影响经济评价参数，则把环境影响纳入项目经济评价就会变得容易，评价结果也有更大的可比性。

关于投资建设项目的行业分类，目前有多种分类方法。

第一种是《建设项目经济评价方法与参数》（第三版）的分类方法（这里简称经评分类），见表2-1。

表 2-1 建设项目行业分类——经评分类

序号	行业名称	序号	行业名称
01	农业	043	国家原油存储设施
011	种植业	044	长距离输油管道
012	畜牧业	045	长距离输气管道
013	渔业	046	海上原油开采
014	农副食品加工	05	石化
02	林业	051	原油加工及石油制品制造
021	林产加工	052	初级形态的塑料及合成树脂制造
022	森林工业	053	合成纤维单（聚合）体制造
023	林纸林化	054	乙烯联合装置
024	营造林	055	纤维素纤维原料及纤维制造
03	建材	06	化工
031	水泥制造业	061	氯碱及氯化物制造
032	玻璃制造业	062	无机化学原料制造
04	石油	063	有机化学原料及中间体制造
041	陆上油田开采	064	化肥
042	陆上气田开采	065	农药

续表 2-1

序号	行业名称	序号	行业名称
066	橡胶制品制造	11	民航
067	化工新型材料	111	大中型（干线）机场建设
068	专用化学品制造（含精细化工）	112	小型（支线）机场建设
07	信息产业	12	煤炭
071	固定通信	121	煤炭采选
072	移动通信	122	煤气生产
073	邮政通信	13	黑色金属
074	数据与因特网通信	131	铁矿采选
075	卫星通信	132	钢铁冶炼
076	电子计算机制造	133	钢压延加工
077	电子器件、元件制造	134	炼焦
08	电力	14	有色金属
081	电源工程	141	有色金属矿采选
0811	火力发电	142	有色金属冶炼
0812	天然气发电	143	有色金属压延加工
0813	核能发电	15	轻工
0814	风力发电	151	卷烟制造
0815	垃圾发电	152	纸浆及纸制品制造
0816	其他能源发电（潮汐、地热等）	153	变性燃料乙醇
0817	热电站	154	制盐
0818	抽水蓄能电站	155	家电制造
082	电网工程	156	家具制造
0821	送电工程	157	塑料制品制造
0822	联网工程	158	日用化学品制造
0823	城网工程	16	纺织业
0824	农网工程	161	棉、化纤纺织
0825	区内或省内电网工程	162	毛、麻纺织
09	水利	163	丝、绢纺织
091	水库发电工程	17	医药
092	调水、供水工程	171	化学药品、原药制剂制造
10	铁路	172	中成药制造
101	铁路网既有线改造	173	兽用药品制造
102	铁路网新线建设	174	生物、生化制品制造

续表 2-1

序号	行业名称	序号	行业名称
175	卫生材料及医药用品制造	196	垃圾处理
18	机械设备	20	公路与水运交通
181	金属制品	201	公路建设
182	通用设备制造	202	独立公路桥梁、隧道
183	专用设备制造	203	泊位
184	汽车制造	204	航道
19	市政	205	内河港口
191	城市快速轨道	206	通航枢纽
192	供水	21	房地产开发项目
193	排水	22	商业性卫生项目
194	燃气	23	商业性教育项目
195	集中供热	24	商业性文化娱乐设施

注：本表来源于《建设项目经济评价方法与参数》（第三版）。

第二种是《建设项目环境影响评价分类管理名录（2008 年本）》的分类方法（这里简称环评分类），见表 2-2。

表 2-2 建设项目行业分类——环评分类

项目分类	有重要环境影响、需要编制“环境影响报告书”的项目规模界定
A 水利	
1. 水库	库容 1000 万立方米以上；涉及环境敏感区的
2. 灌区	新建 5 万亩以上；改造 30 万亩以上
3. 引水工程	跨流域调水；大中型河流引水；小型河流年总引水量超过天然年径流量 1/4 以上的；涉及环境敏感区的
4. 防洪工程	新建大中型
5. 地下水开采	日取水量 1 万立方米以上；涉及环境敏感区的
B 农、林、牧、渔	
1. 农业垦殖	5000 亩以上；涉及环境敏感区的
3. 农产品基地项目	涉及环境敏感区的
4. 经济林基地	原料林基地
5. 森林采伐	皆伐
7. 养殖场（区）	猪常年存栏量 3000 头以上；肉牛常年存栏量 600 头以上；奶牛常年存栏量 500 头以上；家禽常年存栏量 10 万只以上；涉及环境敏感区的

续表 2-2

项目分类	有重要环境影响、需要编制“环境影响报告书”的项目规模界定
8. 围栏养殖	年存栏量折合 5000 羊单位以上
9. 水产养殖项目	网箱、围网等投饵养殖，涉及环境敏感区的
10. 农业转基因项目，物种引进项目	全部
D 煤炭	
1. 煤层气开采	年生产能力 1 亿立方米以上；涉及环境敏感区的
2. 煤炭开采	全部
3. 焦化	全部
4. 煤炭液化、气化	全部
5. 选煤、配煤	新建
E 电力	
1. 火力发电（包括热电）	全部
2. 水力发电	总装机 1000 千瓦以上；抽水蓄能电站；涉及环境敏感区的
3. 生物质发电	农林生物质直接燃烧或气化发电，生活垃圾焚烧发电
4. 综合利用发电	利用矸石、油页岩、石油焦、污泥、蔗渣等发电
5. 其他能源发电	潮汐发电；总装机容量 50000 千瓦以上的风力发电，涉及环境敏感区的
6. 送（输）变电工程	500 千伏以上；330 千伏以上，涉及环境敏感区的
7. 脱硫、脱硝等环保工程	海水脱硫
F 石油、天然气	
1. 石油开采	全部
2. 天然气开采（含净化）	全部
3. 油库	总容量 20 万立方米以上；地下洞库
4. 气库	地下气库
5. 石油、天然气管线	200 公里以上；涉及环境敏感区的
G 黑色金属	
1. 采选	全部
2. 炼铁（含熔融还原）、球团及烧结	全部
3. 炼钢	全部
4. 铁合金制造和其他金属冶炼	全部
5. 压延加工	年产 50 万吨以上冷轧

续表 2-2

项目分类	有重要环境影响、需要编制“环境影响报告书”的项目规模界定
H 有色金属	
1. 采选	全部
2. 冶炼（含废金属冶炼）	全部
3. 合金制造	全部
I 金属制品	
1. 表面处理及热处理加工	电镀；使用有机涂层、有钝化工艺的热镀锌
2. 铸铁金属件制造	年产 10 万吨以上
J 非金属矿采选及制品制造	
1. 土砂石开采	年采 10 万立方米以上；涉及环境敏感区的
2. 化学矿采选	全部
3. 采盐	井盐
4. 石棉及其他非金属矿采选	全部
5. 水泥制造	全部
6. 水泥粉磨站	年产 100 万吨以上
12. 玻璃及玻璃制品	日产玻璃 500 吨以上
13. 玻璃纤维及玻璃纤维增强塑料制品	年产 3 万吨以上玻璃纤维
14. 陶瓷制品	年产 100 万平方米以上建筑陶瓷；年产 150 万件以上卫生陶瓷；年产 250 万件以上日用陶瓷
15. 耐火材料及其制品	石棉制品；年产 5000 吨以上岩棉
16. 石墨及其他非金属矿物制品	石墨、碳素
K 机械、电子	
1. 通用、专用设备制造	有电镀、喷漆工艺的
2. 铁路运输设备制造	机车，车辆及动车组制造，发动机，零部件生产（含电镀、喷漆）
3. 汽车、摩托车制造	整车制造、发动机；零部件生产（含电镀、喷漆）
4. 自行车制造	有电镀、喷漆工艺的
5. 船舶及浮动装置制造	金属船舶制造；拆船、修船
6. 航空航天器制造	全部
7. 交通器材及其他交通运输设备制造	含电镀、喷漆工艺的
8. 电气机械及器材制造	输配电及控制设备制造（含电镀、喷漆）；电池制造（无汞干电池除外）

续表 2-2

项目分类	有重要环境影响、需要编制"环境影响报告书"的项目规模界定
9. 仪器仪表及文化、办公用机械制造	有电镀、喷漆工艺的
10. 彩管、玻壳，新型显示器件，光纤预制棒制造	全部
11. 集成电路生产，半导体器件生产	前工序生产
12. 印刷电路板，电真空器件	印刷电路板
13. 半导体材料，电子陶瓷，有机薄膜，荧光粉，贵金属粉	全部
L　石化、化工	
1. 原油加工、天然气加工、油母页岩提炼原油、煤制原油、生物制油及其他石油制品	全部
2. 基本化学原料制造，肥料制造，涂料、染料、颜料、油墨及其类似产品制造，合成材料制造，专用化学品制造，饲料、食品添加剂、水处理剂等	全部
3. 农药制造	全部
5. 日用化学品制造	全部
M　医药	
1. 化学药品制造，生物、生化制品制造	全部
3. 中成药制造、中药饮片加工	含提炼工艺的
N　轻工	
1. 粮食及饲料加工	年加工 25 万吨以上；含发酵工艺的
2. 植物油加工	年加工油料 30 万吨以上的制油加工；年加工植物油 10 万吨以上的精炼加工
3. 制糖	全部
4. 屠宰	年屠宰 10 万头畜类（或 100 万只禽类）以上
7. 水产品加工	年加工 10 万吨以上
9. 乳制品加工	年加工 20 万吨以上
10. 调味品、发酵制品制造	味精、柠檬酸，赖氨酸、淀粉、淀粉糖等制品
11. 酒精饮料及酒类制造	单纯勾兑除外的

续表 2-2

项目分类	有重要环境影响、需要编制“环境影响报告书”的项目规模界定
12. 果菜汁类及其他软饮料制造	原汁生产
13. 其他食品制造	采用化学方法去皮的水果类罐头制造
14. 卷烟	年产 30 万箱以上
15. 锯材、木片加工，家具制造	有酸洗、磷化、电镀工艺的
16. 人造板制造	年产 20 万立方米以上
18. 纸浆制造、造纸（含废纸造纸）	全部
21. 轮胎制造、再生橡胶制造、橡胶加工、橡胶制品翻新	全部
22. 塑料制品制造	人造革、发泡胶等涉及有毒原材料的
23. 工艺品制造	有电镀工艺的
24. 皮革、毛皮、羽毛（绒）制品	制革，毛皮鞣制
O 纺织化纤	
1. 化学纤维制造	全部
2. 纺织品制造	有洗毛、染整、脱胶工段的；产生缫丝废水、精炼废水的
3. 服装制造	有湿法印花、染色、水洗工艺的
P 公路	
公路	三级以上等级公路；1000 米以上的独立隧道；主桥长度 1000 米以上的独立桥梁
Q 铁路	
1. 新建（含增建）	新建；增建 100 公里以上；涉及环境敏感区的
2. 既有铁路改扩建	200 公里以上电气化改造；涉及环境敏感区的
3. 枢纽	新、改、扩建大型枢纽
R 民航机场	
1. 机场	新建；迁建；飞行区扩建，涉及环境敏感区的
S 水运	
1. 油气、液体化工码头	全部
2. 干散货、件杂、多用途码头	内河港口：单个泊位 1000 吨级以上；沿海港口：单个泊位 1 万吨级以上；涉及环境敏感区的
3. 集装箱专用码头	内河港口：单个泊位 3000 吨级以上；海港：单个泊位 3 万吨级以上；涉及环境敏感区的
4. 客运滚装码头	年客流量 20 万人次以上；年通过能力 10 万台（辆）以上；涉及环境敏感区的

续表 2-2

项目分类	有重要环境影响、需要编制“环境影响报告书”的项目规模界定
5. 铁路轮渡码头	全部
6. 航道工程、水运辅助工程	航道工程；防波堤、船闸、通航建筑物，涉及环境敏感区的
7. 航电枢纽工程	全部
8. 中心渔港码头	涉及环境敏感区的
T 城市交通设施	
1. 轨道交通	全部
2. 道路	新建、扩建
3. 桥梁、隧道	高架路；立交桥；隧道；跨越大江大河（通航段）、海湾的桥梁
U 城市基础设施及房地产	
1. 煤气生产和供应	煤气生产
3. 热力生产和供应	燃煤、燃油锅炉总容量65吨/小时以上
4. 自来水生产和供应	有引水工程的；日供水20万吨以上
5. 生活污水集中处理	日处理5万吨以上
6. 工业废水集中处理	全部
10. 生活垃圾集中处置	全部
12. 危险废物（含医疗废物）集中处置	全部
13. 仓储	涉及有毒、有害及危险品的仓储、物流配送
14. 城镇河道、湖泊整治	涉及环境敏感区的
15. 废旧资源回收加工再生	废电子、电器产品、汽车拆解；废塑料
16. 房地产开发、宾馆、酒店、办公用房	建筑面积10万平方米以上；别墅区
V 社会事业与服务业	
1. 学校、幼儿园、托儿所	在校师生1万人以上
2. 医院	全部
3. 专科防治所（站）	涉及环境敏感区的
4. 疾病控制中心	涉及环境敏感区的
7. 专业实验室	P3、P4生物安全实验室；转基因实验室
8. 研发基地	新建
10. 体育场	容纳5万人以上

续表 2-2

项目分类	有重要环境影响、需要编制“环境影响报告书”的项目规模界定
11. 体育馆	容纳 1 万人以上
12. 高尔夫球场、滑雪场、狩猎场、赛车场、跑马场、射击场、水上运动中心	高尔夫球场
14. 公园（含动物园、植物园、主题公园）	占地面积 10 万平方米以上
15. 旅游开发	缆车、索道建设；涉及环境敏感区的
16. 影视基地建设	涉及环境敏感区的
19. 批发市场	占地面积 1 万平方米以上的农畜产品、矿产品、化工产品、建材及汽车市场；占地面积 5 万平方米以上的其他批发市场
20. 零售市场	营业面积 5 万平方米以上
31. 殡仪馆	涉及环境敏感区的
W　核与辐射	
1. 广播电台、差转台	中波 50 千瓦以上；短波 100 千瓦以上；涉及环境敏感区的
2. 电视塔台	100 千瓦以上
3. 卫星地球上行站	一站多台
4. 雷达	多台雷达探测系统
5. 无线通讯	一址多台；多址发射系统
6. 核动力厂（核电厂、核热电厂、核供气供热厂等），反应堆（研究堆、实验堆、临界装置等），铀矿开采、冶炼，核燃料生产、加工、贮存、后处理，高能加速器，放射性废物贮存、处理或处置，上述项目的退役	新建、扩建
7. 铀矿地质勘探、退役治理	涉及环境敏感区的
8. 伴生放射性矿物资源的采选	年采 1 万吨以上；涉及环境敏感区的
9. 伴生放射性矿物资源的冶炼加工	1000 吨/年以上；涉及环境敏感区的
10. 伴生放射性矿物资源的废渣处理、贮存和处置	涉及环境敏感区的
11. 伴生放射性矿物资源的废渣再利用	1000 吨以上；涉及环境敏感区的

续表 2-2

项目分类	有重要环境影响、需要编制“环境影响报告书”的项目规模界定
12. 放射性物质运输	C 型、B（U）型、B（M）型及含有易裂变材料或六氟化铀的货包运输；特殊安排下的运输
13. 核技术应用	生产放射性同位素的（制备 PET 用放射性药物的除外）；使用 I 类放射源的（医疗使用的除外）；销售（含建造）、使用 I 类射线装置的；甲级非密封放射性物质工作场所
14. 核技术应用项目退役	生产放射性同位素的（制备 PET 用放射性药物的除外）；甲级非密封放射性物质工作场所

注：本表来源于《建设项目环境影响评价分类管理名录（2008 年本）》。项目分类中未出现的序号和项目，为不需要编制“环境影响报告书”的。

第三种是《行业分类标准》的分类方法（这里简称统计分类），见表 2-3。

表 2-3 行业分类——统计分类

序号	行业名称	序号	行业名称
A 农、林、牧、渔业		17	纺织业
01	农业	18	纺织服装、服饰业
02	林业	19	皮革、毛皮、羽毛及其制品和制鞋业
03	畜牧业	20	木材加工及木、竹、藤、棕、草制品业
04	渔业	21	家具制造业
05	农林牧渔服务业	22	造纸及纸制品业
B 采矿业		23	印刷和记录媒介复制业
06	煤炭开采和洗选业	24	文教、工美、体育和娱乐用品制造业
07	石油和天然气开采业	25	石油加工、炼焦和核燃料加工业
08	黑色金属矿采选业	26	化学原料和化学制品制造业
09	有色金属矿采选业	27	医药制造业
10	非金属矿采选业	28	化学纤维制造业
11	开采辅助活动	29	橡胶和塑料制品业
12	其他采矿业	30	非金属矿物制品业
C 制造业		31	黑色金属冶炼和压延加工业
13	农副食品加工业	32	有色金属冶炼和压延加工业
14	食品制品业	33	金属制品业
15	酒、饮料和精制茶制造业	34	通用设备制造业
16	烟草制造业	35	专用设备制造业

续表 2-3

序号	行业名称	序号	行业名称
36	汽车制造业	62	餐饮业
37	铁路、船舶、航空航天和其他运输设备制造业	I	信息传输、软件和信息技术服务业
38	电气机械及器材制造业	63	电信、广播电视和卫星传输服务
39	计算机、通信及其他电子设备制造业	64	互联网和相关服务
40	仪器仪表制造业	65	软件和信息技术服务业
41	其他制造业	J	金融业
42	废弃资源综合利用业	66	货币金融服务
43	金属制品、机械和设备修理业	67	资本市场服务
D	电力、热力、燃气及水生产和供应业	68	保险业
44	电力、热力生产和供应业	69	其他金融业
45	燃气生产和供应业	K	房地产业
46	水的生产和供应业	70	房地产业
E	建筑业	L	租赁和商业服务业
47	房屋建筑业	71	租赁业
48	土木工程建筑业	72	商业服务业
49	建筑安装业	M	科学研究和技术服务业
50	建筑装饰和其他建筑业	73	研究和试验发展
F	批发和零售业	74	专业技术服务业
51	批发业	75	科技推广和应用服务业
52	零售业	N	水利、环境和公共设施管理业
G	交通运输、仓储和邮政业	76	水利管理业
53	铁路运输业	77	生态保护和环境治理业
54	道路运输业	78	公共设施管理业
55	水上运输业	O	居民服务、修理和其他服务业
56	航空运输业	79	居民服务业
57	管道运输业	80	机动车、电子产品和日用产品修理业
58	装卸搬运和运输代理业	81	其他服务业
59	仓储业	P	教育
60	邮政业	82	教育
H	住宿和餐饮业	Q	卫生和社会工作
61	住宿业	83	卫生

续表 2-3

序号	行业名称	序号	行业名称
84	社会工作	90	中国共产党机关
R 文化、体育和娱乐业		91	国家机构
85	新闻和出版业	92	人民政协、民主党派
86	广播、电视、电影和影视录音制作业	93	社会保障
87	文化艺术业	94	群众团社、社会团体和其他成员组织
88	体育	95	基层群众自治组织
89	娱乐业	T 国际组织	
S 公共管理、社会保障和社会组织		96	国际组织

注：本表来源于《行业分类标准》（国家统计局，2011），http：//www. stats. gov. cn/tjbz。

同一行业不同建设项目有相似的环境影响，但同时属于不同行业的建设项目也可能有相似的环境影响，如“U 城市基础设施及房地产”行业内的“10. 生活垃圾集中处置”项目的主要环境影响是水污染、大气污染；属于“N 轻工”行业内的“18. 纸浆制造、造纸”项目的主要环境影响也是水污染、大气污染。所以，基于行业而构建的参数体系会有大量的重复。再者，建设部门使用的行业分类、环保部门使用的行业分类、统计部门使用的行业分类互不相同，很难有一个行业分类基准。因此，不宜构建以建设项目行业分类为基础的参数体系。

2.1.2 环境要素参数

构建参数体系的第二个途径是基于环境要素。不管是哪个行业的建设项目，它对环境的影响都是通过环境要素来实现的。环境要素包括大气、水、生态要素以及景观要素等。建设项目环境影响经济评价参数体系可以基于对环境要素的改变，改变大气成分造成大气污染、改变水体造成水污染、改变生态系统造成生态破坏等。由这样的参数体系可知建设项目向大气每释放 1kg SO_2所造成的损害价值，向水体每释放 1kg COD 所造成的损害价值。

以各类环境要素作为影响因子，我们可以对应构建环境影响经济评价参数体系——环境要素参数体系，如表 2-4 所示。

表 2-4 基于环境要素的参数体系

影响因子	参数（每单位排放所造成的损害价值）	影响因子	参数（每单位排放所造成的损害价值）
一、对大气空间的排放或影响		4. 氯气	
1. 二氧化硫		5. 氯化氢	
2. 氮氧化物		6. 氟化物	
3. 一氧化碳		7. 氰化氢	

续表 2-4

影响因子	参数（每单位排放所造成的损害价值）	影响因子	参数（每单位排放所造成的损害价值）
8. 硫酸雾		36. 光气	
9. 铬酸雾		37. 硫化氢	
10. 汞及其化合物		38. 氨	
11. 一般性粉尘		39. 三甲胺	
12. 石棉尘		40. 甲硫醇	
13. 玻璃棉尘		41. 甲硫醚	
14. 碳黑尘		42. 二甲二硫	
15. 铅及其化合物		43. 苯乙烯	
16. 镉及其化合物		44. 二硫化碳	
17. 铍及其化合物		45. 细颗粒物（PM_{10}）	
18. 镍及其化合物		46. 微颗粒物（PM_5）	
19. 锡及其化合物		47. 电磁辐射	
20. 烟尘		48. 噪声	
21. 苯		49. 臭味	
22. 甲苯		二、对土地的排放或影响	
23. 二甲苯		1. 冶炼渣	
24. 苯并（a）芘		2. 粉煤灰	
25. 甲醛		3. 炉渣	
26. 乙醛		4. 煤矸石	
27. 丙烯醛		5. 尾矿	
28. 甲醇		6. 其他渣（含半固态、液态废物如油泥砂）	
29. 酚类		7. 农药	
30. 沥青烟		8. 酸沉降	
31. 苯胺类		9. 化肥	
32. 氯苯类		10. 人畜排泄物	
33. 硝基苯		11. 盐渍化	
34. 丙烯腈		12. 土壤侵蚀	
35. 氯乙烯		13. 危险废物（据国家危险废物目录）	

续表 2-4

影响因子	参数（每单位排放所造成的损害价值）	影响因子	参数（每单位排放所造成的损害价值）
14. 生活垃圾		17. 挥发酚	
15. 景观		18. 总氰化物	
三、对生态系统的影响		19. 硫化物	
1. 生物量		20. 氨氮	
2. 生物群落异质性程度		21. 氟化物	
3. 物种多样性		22. 甲醛	
4. 珍稀濒危物种消失		23. 苯胺类	
5. 景观连通程度		24. 硝基苯类	
6. 植被覆盖率		25. 阴离子表面活性剂（LAS）	
7. 外来物种入侵		26. 总铜	
8. 土地荒漠化		27. 总锌	
四、对水体的排放或影响		28. 总锰	
1. 总汞		29. 彩色显影剂（CD－2）	
2. 总镉		30. 总磷	
3. 总铬		31. 元素磷（以P计）	
4. 六价铬		32. 有机磷农药（以P计）	
5. 总砷		33. 乐果	
6. 总铅		34. 甲基对硫磷	
7. 总镍		35. 马拉硫磷	
8. 苯并（a）芘		36. 对硫磷	
9. 总铍		37. 五氯酚及五氯酚钠（以五氯酚计）	
10. 总银		38. 三氯甲烷	
11. 悬浮物（SS）		39. 可吸附有机卤化物（AOX）（以Cl计）	
12. 生化需氧量（BOD_5）		40. 四氯化碳	
13. 化学需氧量（COD）		41. 三氯乙烯	
14. 总有机碳（TOC）		42. 四氯乙烯	
15. 石油类		43. 苯	
16. 动植物油		44. 甲苯	

续表 2-4

影响因子	参数（每单位排放所造成的损害价值）	影响因子	参数（每单位排放所造成的损害价值）
45. 乙苯		56. 2，4－二氯酚	
46. 邻二甲苯		57. 2，4，6－三氯酚	
47. 对二甲苯		58. 邻苯二甲酸二丁酯	
48. 间二甲苯		59. 邻苯二甲酸二辛酯	
49. 氯苯		60. 丙烯腈	
50. 邻二氯苯		61. 总硒	
51. 对二氯苯		62. 病原体	
52. 对硝基氯苯		63. 酸/碱 pH 值	
53. 2，4－二硝基氯苯		64. 水温度变化	
54. 苯酚		65. 水耗竭/过度利用	
55. 间甲酚			

注：本表来源于国家标准《环境空气质量标准》GB 3095—1996，《地表水环境质量标准》GB 3838—2002，《污水综合排放标准》GB 8978—1996，《排污费征收标准及计算方法》（国家计划委员会、财政部、国家环境保护总局、国家经济贸易委员会令第 31 号）及行业标准《环境影响评价技术导则　生态影响》HJ 19—2011。

即使是基础性的环境要素参数，它的值也不是固定的。例如，1 吨 COD 污染排放造成的损害具有边际效应：排放到不同地区的河流中，损害是不一样的；排放到不同水质的河流中，损害也是不一样的。排放到一类水体中，可能被环境消纳而不造成污染；排放到三类水体中，可能使河流不再能作为饮用水水源，从而造成重大损失；若是排放到劣五类水体中，增加的边际损害可能也不大。为了更为精确地估计环境要素参数，针对同一个参数必须区分不同地区来取值，针对不同背景污染浓度来取值，针对不同季节来取值，等等。

2.1.3　环境影响受体参数

数量众多的大气污染物和水污染物等所造成的人群健康损害是一样的，如增加人群中的过早死亡案例，增加社会的疾病负担；它们造成对农业生产的损害也是一样的，如降低产量或品质，减少农民收入。建立投资项目环境影响经济评价参数体系的另一个途径，是基于环境影响的受体而建立起来的参数体系。

环境影响的受体从总体上看就是人。所谓环境影响，最终是对人的影响。如果一个项目所产生的环境变化对人毫无影响，人们就不关心这样的环境变化。从人这一受体角度看，项目引起的环境变化对人的影响是多方面的，其中最主要的方面是健康影响。建设项目对人可能产生的影响最终会落实到的方面主要包括：

健康损害：环境污染会增加人群疾病的发病率和死亡率。不管是大气 SO_2 污染造成的人群过早死亡，或是水体对二甲苯污染造成的人群过早死亡，损失 1 个健康生命年对个人的损失是一样的，对社会的损失也是一样的。

生产损失：不管是大气酸沉降对水稻产量的影响，或是污染灌溉水对水稻产量的影响，只要水稻产量都是减产10%，则对农民的损失是一样的。

材料/卫生损失：不管是燃煤电厂粉尘引起的清洁费用增加，或是水泥厂粉尘引起的清洁费用增加，二者增加的清洁费性质是一样的。

舒适性损失：不管是大气雾霾天气导致的舒适性降低，还是河流污染导致的户外景观舒适性降低，二者降低舒适性对人的福利降低是一样的。

生态环境安全感降低：不管是生物多样性降低引起的人们生态环境安全感降低，还是温室效益引起的生态环境安全感降低，二者引起的不安全感对人们福利的降低是一样的。

自然福利损失：有一些独特的环境，它只要遭受破坏，就会降低人的福利，而不管人是否使用它。

对任何环境污染损失的价值评估，都离不开对以上六个方面的评估。例如，对大气中1吨SO_2污染排放造成损害的评估，就要评估这些污染物对健康的损害，如果这些污染物会形成酸雨，则还要评估它形成的酸雨对农作物、森林等生产活动所造成的损失，要评估酸雨对材料腐蚀的损失。对大气中1吨细颗粒物（PM_{10}）污染排放造成损害的评估，就要评估它造成的健康损害的大小，还要评估它形成的阴霾天气对人们舒适性的降低。对1吨COD污染排放造成损害的评估，就要评估它造成的城市自来水厂水处理成本的增高、农村与饮水有关的疾病发生率及死亡率的变化和健康损失、农业污染水灌溉的生产损失等。

基于环境影响受体的参数是最基础的参数，见表2-5。

表2-5 基于环境影响受体的参数体系

参数		参数值
1 健康	1.1 污染引起的疾病损失	元/病例
	1.1.1 慢性阻塞性肺部疾病	
	1.1.2 心血管疾病	
	1.1.3 脑血管疾病	
	1.1.4 呼吸系统癌症	
	1.1.5 消化系统癌症	
	1.1.6 神经系统疾病	
	1.1.7 急性中毒	
	1.1.8 男性不育症	
	1.1.9 智力降低	
	1.2 误工损失	元/(天·人)
	1.2.1 城市误工	
	1.2.2 农村误工	
	1.3 死亡	
	1.3.1 丧失1个健康生命年的经济损失	元/健康生命年
	1.3.2 统计学意义上的生命价值	元/统计生命

续表 2-5

参 数		参数值
2 生产	2.1 农业生产损失	元/hm^2
	2.1.1 水稻减产 10% 的损失	
	2.1.2 小麦减产 10% 的损失	
	2.1.3 玉米减产 10% 的损失	
	2.1.4 蔬菜减产 10% 的损失（区分不同蔬菜）	
	2.1.5 鱼塘减产 10% 的损失（区分不同鱼）	
	2.1.6 果树减产 10% 的损失（区分不同果树）	
	2.1.7 林业生产力减少 10% 的损失（区分树）	
	2.2 工业生产损失	
	2.2.1 上水处理费用增加（区分污染程度）	元/年
	2.2.2 清淤成本上升（区分淤积程度）	元/年
	2.3 市政生产损失	
	2.3.1 自来水厂水处理费用增加（区分污染）	元/年
3 材料、卫生	3.1 金属材料的漆防护时间周期缩短	元/m^2 漆
	3.2 石材防护费用增加	元/年
	3.3 公共卫生清洁费用增加	元/年
	3.4 家庭卫生清洁费用增加	元/年
4 舒适性	4.1 噪声防护费用	元/扇窗
	4.2 （垃圾场）臭味防护费用	元/年
	4.3 对天空可见度的支付意愿	元/(人·天)
	4.4 户外景观游憩价值	元/人次
5 生态环境安全感	5.1 生物多样性价值	元/hm^2
	5.2 温室气体减排价值	元/吨 CO_2 当量
	5.3 耗臭氧物质（ODS）减排价值	元/吨 ODS
6 自然福利	6.1 濒危物种存在价值	元/人
	6.2 独特自然/人文景观存在价值（具体到某个）	元/人

注：参数项可进一步补充和细化。

环境影响经济评价工作中，使用基于环境影响受体的参数体系（表 2-5）并不能直接对环境影响进行评估。例如，参数中给出了每个慢性阻塞性肺部疾病病例的损失，但还需要知道特定建设项目排放的大气污染物引起了多少例慢性阻塞性肺部疾病病例，才能将这些参数应用于项目环境影响经济评价。特定大气污染物排放引起一定疾病的发病率和死亡率的变化，这一剂量反应关系是环境流行病学研究的对象。所以，如果使用基于环境影响受体的参数体系（表 2-5），需要配合使用相应的剂量反应关系参数，见表 2-6。

表 2-6 环境污染影响受体的剂量反应关系参数

剂量反应参数		参数值
1 健康	1.1 SO_2 污染引起的发病率变化	浓度每升高 10μg/m³ 所引起的变化率（%）
	1.1.1 慢性阻塞性肺部疾病	
	1.1.2 心血管疾病	
	1.1.3 脑血管疾病	
	1.2 SO_2 污染引起的死亡率变化	
	1.2.1 慢性阻塞性肺部疾病	
	1.2.2 心血管疾病	
	1.2.3 脑血管疾病	
	1.3 PM_{10} 污染引起的发病率变化	
	1.3.1 慢性阻塞性肺部疾病	
	1.3.2 心血管疾病	
	1.3.3 脑血管疾病	
	1.4 PM_{10} 污染引起的死亡率变化	
	1.4.1 慢性阻塞性肺部疾病	
	1.4.2 心血管疾病	
	1.4.3 脑血管疾病	
	1.5 NO_x 污染引起的发病率变化	
	1.5.1 慢性阻塞性肺部疾病	
	1.5.2 心血管疾病	
	1.5.3 脑血管疾病	
	1.6 NO_x 污染引起的死亡率变化	
	1.6.1 慢性阻塞性肺部疾病	
	1.6.2 心血管疾病	
	1.6.3 脑血管疾病	
	1.7 二噁英引起的发病率变化	
	1.8 二噁英引起的死亡率变化	
	1.9 造纸厂水污染引起的发病率变化	
	1.10 造纸厂水污染引起的死亡率变化	

续表 2-6

剂量反应参数		参数值
1 健康	1.11 石油化工水污染引起的发病率变化	
	1.12 石油化工水污染引起的死亡率变化	
	1.13 畜禽养殖场水污染引起的发病率变化	
	1.14 畜禽养殖场水污染引起的死亡率变化	
	1.15 汞镉铅砷等重金属污染引起的发病率变化	
	1.16 汞镉铅砷等重金属污染引起的死亡率变化	
	1.17 电子制造业水污染引起的发病率变化	
	1.18 电子制造业水污染引起的死亡率变化	
	1.19 皮革加工业水污染引起的发病率变化	
	1.20 皮革加工业水污染引起的死亡率变化	
	1.21 食品加工业水污染引起的发病率变化	
	1.22 食品加工业水污染引起的死亡率变化	
2 生产	2.1 酸雨引起的农业产量变化	%/酸度/雨量
	2.1.1 水稻产量变化	
	2.1.2 小麦产量变化	
	2.1.3 玉米产量变化	
	2.1.4 蔬菜产量变化（区分不同蔬菜）	
	2.1.5 油菜产量变化	
	2.1.6 果树产量变化（区分不同果树）	
	2.1.7 森林蓄积变化（区分树）	
	2.2 水污染引起的农业产量变化	%/单位浓度
	2.2.1 水稻产量变化	
	2.2.2 小麦产量变化	
	2.2.3 玉米产量变化	
	2.2.4 蔬菜产量变化（区分不同蔬菜）	
	2.2.5 鱼塘产量变化	
3 材料、卫生	3.1 酸雨对金属材料的漆防护时间周期缩短量	年/酸度/雨量
	3.2 酸雨对石材腐蚀率	腐蚀量/酸度/雨量
	3.3 粉尘污染致使公共卫生清洁量的增加量	次/单位浓度
	3.4 粉尘污染致使家庭卫生清洁量的增加量	次/单位浓度

续表 2-6

剂量反应参数		参数值
4　舒适性	4.1　噪声强度与防护强度之间的关系	措施/dB
	4.2　（垃圾场）臭味浓度与防护强度之间的关系	措施/臭度
	4.3　大气污染引起的天空可见度变化	m/单位浓度
	4.4　污染引起的户外景观游客变化	人次/单位污染
5　生态环境安全感	5.1　污染破坏引起的生物多样性变化	异质度/项目规模
6　自然福利	6.1　污染破坏引起的濒危物种丧失危险度变化	
	6.2　污染破坏引起独特景观损害的危险度变化	

注：参数项可进一步补充和细化。

SO_2指二氧化硫，PM_{10}指可吸入颗粒物，NO_x 指氮氧化物。

2.1.4　参数体系的比较

以上三个参数体系实际上处于投资项目环境影响经济评价逻辑链条上的不同位置。见图 2-1。

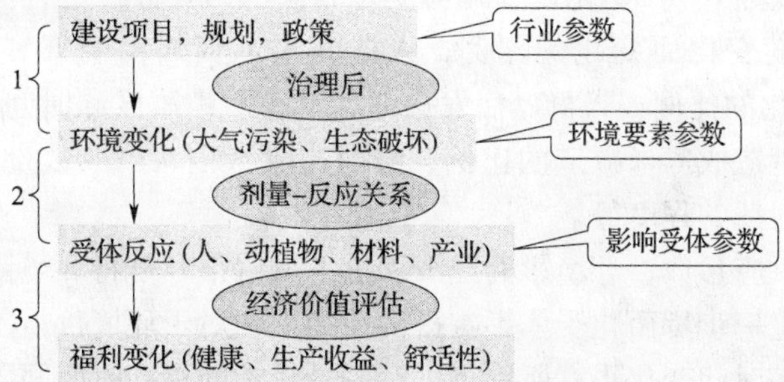

图 2-1　环境影响经济评价逻辑框架

1—环境评价（狭义“环境影响评价”）：环境污染有多大？2—环境流行病学研究，环境生物学研究：使发病率增加多少？3—环境价值评估：使人们遭受多大损失？

基于行业的参数体系没有深入到环境影响经济评价中，这一体系试图给出基于行业的环境影响价值参数，使用起来虽然最简便，但是参数值过于粗略。

基于环境影响受体的参数体系深入到环境影响经济评价的最深处，虽然参数值精确度最高，但是评价人员需要首先获得剂量反应关系参数后，才能使用这些受体参数，使用起来不直接、不方便。

基于环境要素的参数体系介于前两个体系之间，使用起来比基于环境影响受体的参数体系更方便，参数精度比基于行业的参数体系要高，相对适合应用。所以本书采用基于环境要素的参数体系建立环境影响经济评价参数体系。

2.1.5 参数属性

环境影响经济评价参数从属性上可分为环境价值参数、剂量反应参数、成果参照参数和评价指标参数等。

1. 环境价值参数

环境影响经济评价人员最需要的参数是环境价值参数，即单位环境影响的价值。如果有了一系列单位环境影响的价值参数，评价人员用评估出的环境影响程度乘以该单位环境影响价值，就可以得到建设项目环境影响的价值。

对于局部环境影响，有意义的单位环境影响价值是单位受体影响价值，因为在同样的大气 SO_2污染浓度下，如果受污染人群人数众多，则污染危害总损失就大；受污染人群人数少，则污染危害总损失就小。所以单位环境影响价值应是：①避免1次感冒的支付意愿；②降低呼吸系统疾病单位风险的价值；③避免单位死亡风险的价值（支付意愿）；④单位生命价值；⑤每人次的单位景观价值等。

对于全球环境影响，单位环境影响价值可以用单位污染因子（影响因子）来衡量。对于生态影响，一般也可以用单位影响因子来衡量单位影响价值，例如：每吨温室气体排放的环境影响价值，生物多样性每降低1个单位的环境影响价值，每平方公里水土流失的损失价值。

2. 剂量反应参数

在环境影响经济评价过程中，将环境影响中的环境变化转变为受体影响是关键的一个步骤。在这个步骤中，需要建立剂量反应关系（或称暴露反应函数），如人群呼吸道疾病发病率和死亡危险度随大气 SO_2浓度变化而变化的比例；人群心血管疾病发病率和死亡危险度随大气 NO_x 浓度变化而变化的比例；人群呼吸道疾病发病率和死亡危险度随大气 $PM_{2.5}$浓度变化而变化的比例；人群癌症发病率随水砷污染浓度和时间变化而变化的比例；一定浓度水泥厂粉尘造成玉米减产的比例；酸雨造成水稻减产的数量关系函数；一定 pH 值的酸雨造成森林毁坏的程度等。

有了以上剂量反应参数，环境影响经济评价人员就很容易将环境影响中的环境变化转化为受体影响，为进一步货币化受体影响提供条件。相对于环境价值参数，剂量反应参数的数值相对稳定，随时间变化小，所以可以有一个较长的更新时间间隔。

3. 成果参照参数

成果参照法是环境影响经济评价最常用的环境价值评估方法。它引用已有的价值评估结果，调整后用于要评估的建设项目的经济评价。调整时需要用到一定的参数。如时间调整参数，收入差距调整参数。

成果参照法的使用依赖于一个环境影响价值初始评估案例数据库。不断更新的数据库可以为评价人员提供更多、更新可供参照的环境价值。

4. 评价指标参数

从经济上判断，建设项目环境影响的大小要依靠经济费用效益分析，具体的评价指标是经济内部收益率和经济净现值。

经济内部收益率：当环境影响的经济价值纳入经济现金流量表后评估出的经济内部收益率若大于社会折现率，表明建设项目造成的环境影响处于在经济上可以承受的范围之内。

经济净现值：当环境影响的经济价值纳入经济现金流量表后评估出的经济净现值若大于0，表明建设项目造成的环境影响处于在经济上可以承受的范围之内。

评价指标参数属于判据参数，即用于判定环境影响大小对项目可行性影响的参数；其他参数属于计算参数，即用于计算建设项目环境影响经济价值大小的参数。

2.2 建议使用的参数体系及其说明

相比较而言，基于环境要素的参数体系在实际工作中相对适合应用，因此建议采用基于环境要素的参数体系。基于环境要素的环境影响经济评价参数体系包括环境影响价值参数及其相应的地区调整系数两部分（见图 2-2）。

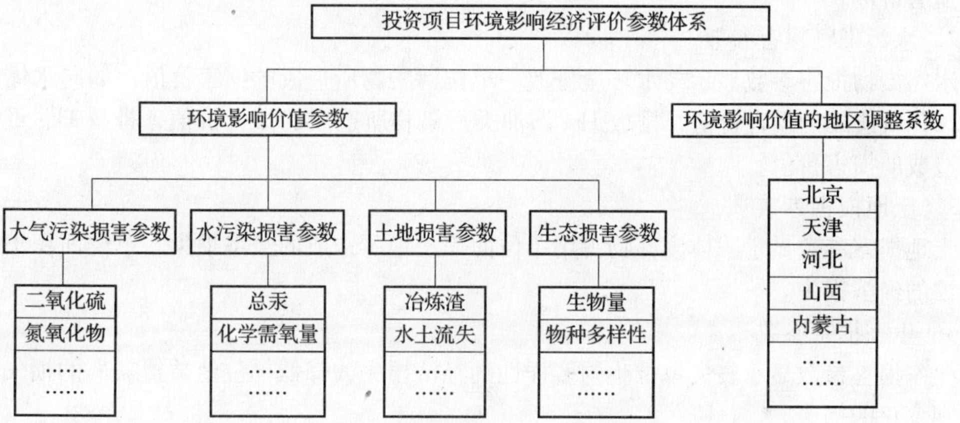

图 2-2 投资项目环境影响经济评价参数体系构成

第一部分，环境影响价值参数是指各污染物单位损害价值的基准值。通过一定的环境价值评估技术（见本书第 4 章），可以测定出各污染物的单位损害价值基准值。如排放 1kg SO_2 的损害价值基准值是 4. 4 元/kg SO_2（2009 年），中国水土流失单位面积平均造成的损害价值基准值为 20603 元/hm^2。

第二部分，每一个污染物单位损害基准值都有对应的一组地区调整系数。如果有两种污染物的污染程度在中国各地区的分布是一样的，则这两种污染物对应的地区调整系数也是一样的。如果有一种污染物的污染程度在中国各地区的分布不与任何其他污染物污染程度分布相同，则该污染物对应于它特有的地区调整系数。如根据表 4-12，北京 SO_2 污染的地区调整系数是 1. 26。

相应地，基于上述两部分的环境影响经济评价参数的计算公式如下：

$$\nu_{ij} = V_i \times R_{ij} \tag{2-1}$$

式中 ν_{ij}——第 i 种污染物在地区 j 的单位损害价值参数；

V_i——第 i 种污染物的单位损害价值基准值；

R_{ij}——第 i 种污染物在地区 j 的地区调整系数。

例如，北京地区排放 1kg SO_2的损害价值参数为：

$$4.4 \times 1.26 = 5.544 \text{（元/kg } SO_2\text{）}$$

再如，山西省水土流失损害地区调整系数为2.21（见表4-21），则山西地区每公顷水土流失的损害价值参数为：

$$20603 \times 2.21 = 45459 \text{（元/}hm^2\text{）}$$

2.2.1 环境影响价值参数

环境影响价值参数显示向环境每排放一单位污染物所造成的损害价值。按环境要素可将环境影响价值参数分为以下四类：

1. 大气污染物损害参数

大气污染物损害参数显示向大气空间环境排放一单位污染物所造成的损害价值，如向大气排放1kg SO_2所造成的损害价值，排放1kg NO_x所造成的损害价值，排放1kg PM_5 所造成的损害价值。

2. 水污染物损害参数

水污染物损害参数显示向水环境排放一单位污染物所造成的损害价值，如向水体排放1kg COD 所造成的损害价值，排放1kg 石油类污染物所造成的损害价值，排放1kg 重金属铬所造成的损害价值。

3. 土地损害参数

土地损害参数显示固体废弃物占用单位面积土地所造成的经济损失，单位面积土地遭受侵蚀的经济损失。

4. 生态损害参数

生态损害参数显示丧失单位生物多样性的经济损失，降低单位植被覆盖率的损失，单位景观变化的损失。

基于环境要素的参数体系，关键在于确定环境影响价值参数。为此，我们构建了环境影响价值参数表，针对每一个不同的影响因子的环境影响价值参数都应有对应的参数值（每单位影响因子的排放所造成的损害价值），详见表2-7。

表2-7 环境影响价值参数表

参数类别	各影响因子环境影响价值参数			各影响因子环境影响价值参数		
	影响因子	参数值	单位	影响因子	参数值	单位
一、大气污染损害参数	1. 二氧化硫			10. 汞及其化合物		
	2. 氮氧化物			11. 一般性粉尘		
	3. 一氧化碳			12. 石棉尘		
	4. 氯气			13. 玻璃棉尘		
	5. 氯化氢			14. 碳黑尘		
	6. 氟化物			15. 铅及其化合物		
	7. 氰化氢			16. 镉及其化合物		
	8. 硫酸雾			17. 铍及其化合物		
	9. 铬酸雾			18. 镍及其化合物		

续表 2-7

参数类别	各影响因子环境影响价值参数			各影响因子环境影响价值参数		
	影响因子	参数值	单位	影响因子	参数值	单位
一、大气污染损害参数	19. 锡及其化合物			35. 氯乙烯		
	20. 烟尘			36. 光气		
	21. 苯			37. 硫化氢		
	22. 甲苯			38. 氨		
	23. 二甲苯			39. 三甲胺		
	24. 苯并（a）芘			40. 甲硫醇		
	25. 甲醛			41. 甲硫醚		
	26. 乙醛			42. 二甲二硫		
	27. 丙烯醛			43. 苯乙烯		
	28. 甲醇			44. 二硫化碳		
	29. 酚类			45. 细颗粒物（PM_{10}）		
	30. 沥青烟			46. 微颗粒物（PM_5）		
	31. 苯胺类			47. 电磁辐射		
	32. 氯苯类			48. 噪声		
	33. 硝基苯			49. 臭味		
	34. 丙烯腈					
二、土地损害参数	1. 冶炼渣			9. 化肥		
	2. 粉煤灰			10. 人畜排泄物		
	3. 炉渣			11. 盐渍化		
	4. 煤矸石			12. 水土流失		
	5. 其他渣（含半固态、液态废物如油泥砂）			13. 危险废物（据国家危险废物目录）		
	6. 尾矿			14. 生活垃圾		
	7. 农药			15. 景观		
	8. 酸沉降					

续表 2-7

参数类别	各影响因子环境影响价值参数			各影响因子环境影响价值参数		
	影响因子	参数值	单位	影响因子	参数值	单位
三、生态损害参数	1. 生物量			5. 景观连通程度		
	2. 生物群落异质性程度			6. 植被覆盖率		
	3. 物种多样性			7. 外来物种入侵		
	4. 珍稀濒危物种消失			8. 土地荒漠化		
四、水污染损害参数	1. 总汞			19. 硫化物		
	2. 总镉			20. 氨氮		
	3. 总铬			21. 氟化物		
	4. 六价铬			22. 甲醛		
	5. 总砷			23. 苯胺类		
	6. 总铅			24. 硝基苯类		
	7. 总镍			25. 阴离子表面活性剂（LAS）		
	8. 苯并（a）芘			26. 总铜		
	9. 总铍			27. 总锌		
	10. 总银			28. 总锰		
	11. 悬浮物（SS）			29. 彩色显影剂（CD－2）		
	12. 生化需氧量（BOD_5）			30. 总磷		
	13. 化学需氧量（COD）			31. 元素磷（以P计）		
	14. 总有机碳（TOC）			32. 有机磷农药（以P计）		
	15. 石油类			33. 乐果		
	16. 动植物油			34. 甲基对硫磷		
	17. 挥发酚			35. 马拉硫磷		
	18. 总氰化物			36. 对硫磷		

续表 2-7

参数类别	各影响因子环境影响价值参数			各影响因子环境影响价值参数		
	影响因子	参数值	单位	影响因子	参数值	单位
四、水污染损害参数	37. 五氯酚及五氯酚钠（以五氯酚计）			52. 对硝基氯苯		
	38. 三氯甲烷			53. 2，4－二硝基氯苯		
	39. 可吸附有机卤化物（AOX）（以Cl计）			54. 苯酚		
	40. 四氯化碳			55. 间甲酚		
	41. 三氯乙烯			56. 2，4－二氯酚		
	42. 四氯乙烯			57. 2，4，6－三氯酚		
	43. 苯			58. 邻苯二甲酸二丁酯		
	44. 甲苯			59. 邻苯二甲酸二辛酯		
	45. 乙苯			60. 丙烯腈		
	46. 邻二甲苯			61. 总硒		
	47. 对二甲苯			62. 病原体		
	48. 间二甲苯			63. 酸/碱 pH 值		
	49. 氯苯			64. 水温度变化		
	50. 邻二氯苯			65. 水耗竭/过度利用		
	51. 对二氯苯					

注：资料来源于国家标准《环境空气质量标准》GB 3095—1996，《地表水环境质量标准》GB 3838—2002，《污水综合排放标准》GB 8978—1996，《排污费征收标准及计算方法》（国家计划委员会、财政部、国家环境保护总局、国家经济贸易会令第 31 号）及行业标准《环境影响评价技术导则　生态影响》HJ 19—1997。

2.2.2 环境影响价值参数地区调整系数

环境要素有很强的地域性，项目对环境要素的影响也有明显的地域性，所以环境影响经济评价的环境要素参数也因地而异。一个环境要素参数的基准值需要配合地区调整系数，才能应用于该地区。

地区调整系数要反映不同地区的如下差别：

1. 环境污染程度

排放同样 1kg SO_2 大气污染物，如果一个地区大气 SO_2 污染比较严重，额外排放的 1kg SO_2 污染物会造成较大的损害，因为污染损害具有积累效应；如果一个地区大气 SO_2 污染很轻微，额外排放 1kg SO_2 污染物造成的损害很小，因为环境具有一定的污染消纳能力（环境容量）。所以，排放 1kg SO_2 的损害价值，在大气 SO_2 污染比较重的地区要高于 SO_2 损害基准值，而在大气 SO_2 污染较轻的地区则低于 SO_2 损害基准值。这就需要用地区调整系数，得出不同地区的 SO_2 损害值。

2. 地区收入水平

即使两个地区污染程度相同，排放 1kg SO_2 污染物的健康损害也会因两个地区收入水平的不同而不同。在收入水平比较高的地区，SO_2 污染造成健康损害价值比较大，因为那里人们为避免单位健康损害具有较高的支付意愿，或者治疗一个病例需要较高的医疗费用。地区调整系数要反映地区的收入水平差别。

3. 地区人口密度

同样的污染水平，同样的收入水平，人口稠密的地区有更多的人暴露于污染之中，就会有更多的污染损害。所以一个单位的污染物排放到人口稠密的地区，其污染损害要高于人口稀疏地区。

将某一个污染物的地区分布（如大气 SO_2 有两控区）、经济发展水平的地区分布［如地区人均国内生产总值（GDP）］和人口的地区分布等因素按照一定的权重，综合考虑，可以得到某一个污染物（如大气 SO_2）的地区调整系数。该污染物的损害基准值乘以某一个地区的调整系数，就是该地区的该污染物损害价值。

地区单位的界定越小，越能反映不同地区在污染程度、收入、人口密度、地形地貌等方面的差异；但地区单位界定越小，测定地区调整系数的难度就越大。一个比较现实的界定是按照省级行政区划来界定区域。

同时，对于个别具有全球影响性质的环境要素改变，其基准值没有地区调整系数。如温室气体排放的损害价值、生物多样性减少的损失价值等对各地区都是一样的，没有差别的地区调整系数，或者说调整系数都是 1。

环境影响价值参数地区调整系数表见表 2-8。

2.2.3 关于体系的几点补充说明

（1）除了地区调整系数外，还可以考虑季节调整系数、风向调节系数、地形调节系数、距离调整系数等。但是地区调整系数之外的其他调整系数，没有涉及所有参数。如风向调节系数只涉及大气污染物，地形调节系数只涉及土壤侵蚀。所以，地区调整系数是最重要的调节系数。

（2）环境影响价值参数表（表 2-7）和地区调整系数表（表 2-8）也可以合并成一个大表。但是，鉴于环境影响价值参数的基准值随年度变化快一些，对基准值的更新频率更快些，而地区调整系数随年度变化慢一些，对地区调整系数的更新频率可以较慢，一般仍将环境影响经济评价参数分为环境影响价值参数表和地区调整系数表两个表。

（3）本书重在构建环境影响经济评价参数体系，对于具体参数值的测算，需要另外开展专门研究，因此表 2-7 和表 2-8 中尚未填写具体的参数值。本书在第 4 章根据重要性和资料可得性对部分重要参数进行了测算。

表 2-8 各污染物/环境影响损害价值的地区调整系数

地区污染物/环境影响	北京	天津	河北	山西	内蒙古	辽宁	吉林	黑龙江	上海	江苏	浙江	安徽	福建	江西	山东	河南	湖北	湖南	广东	广西	海南	重庆	四川	贵州	云南	西藏	陕西	甘肃	青海	宁夏	新疆
一、大气空间污染物/环境影响																															
1. 二氧化硫（SO_2）																															
2. 氮氧化物（NO_x）																															
3. 一氧化碳																															
4. 氯气																															
5. 氯化氢																															
6. 氟化物																															
7. 氰化氢																															
8. 硫酸雾																															
9. 铬酸雾																															
10. 汞及其化合物																															
11. 一般性粉尘																															
12. 石棉尘																															
13. 玻璃棉尘																															
14. 碳黑尘																															
15. 铅及其化合物																															
16. 镉及其化合物																															
17. 铍及其化合物																															
18. 镍及其化合物																															
19. 锡及其化合物																															

续表 2-8

地区污染物/环境影响	北京	天津	河北	山西	内蒙古	辽宁	吉林	黑龙江	上海	江苏	浙江	安徽	福建	江西	山东	河南	湖北	湖南	广东	广西	海南	重庆	四川	贵州	云南	西藏	陕西	甘肃	青海	宁夏	新疆
20. 烟尘																															
21. 苯																															
22. 甲苯																															
23. 二甲苯																															
24. 苯并（a）芘																															
25. 甲醛																															
26. 乙醛																															
27. 丙烯醛																															
28. 甲醇																															
29. 酚类																															
30. 沥青烟																															
31. 苯胺类																															
32. 氯苯类																															
33. 硝基苯																															
34. 丙烯腈																															
35. 氯乙烯																															
36. 光气																															
37. 硫化氢																															
38. 氨																															
39. 三甲胺																															

续表 2-8

地区污染物/环境影响	北京	天津	河北	山西	内蒙古	辽宁	吉林	黑龙江	上海	江苏	浙江	安徽	福建	江西	山东	河南	湖北	湖南	广东	广西	海南	重庆	四川	贵州	云南	西藏	陕西	甘肃	青海	宁夏	新疆
40. 甲硫醇																															
41. 甲硫醚																															
42. 二甲二硫																															
43. 苯乙烯																															
44. 二硫化碳																															
45. 细颗粒物（PM_{10}）																															
46. 微颗粒物（PM_5）																															
47. 电磁辐射																															
48. 噪声																															
49. 臭味																															
二、水污染物/环境影响																															
1. 总汞																															
2. 总镉																															
3. 总铬																															
4. 六价铬																															
5. 总砷																															
6. 总铅																															
7. 总镍																															
8. 苯并（a）芘																															
9. 总铍																															

续表 2-8

地区污染物/环境影响	北京	天津	河北	山西	内蒙古	辽宁	吉林	黑龙江	上海	江苏	浙江	安徽	福建	江西	山东	河南	湖北	湖南	广东	广西	海南	重庆	四川	贵州	云南	西藏	陕西	甘肃	青海	宁夏	新疆
10. 总银																															
11. 悬浮物（SS）																															
12. 生化需氧量（BOD_5）																															
13. 化学需氧量（COD）																															
14. 总有机碳（TOC）																															
15. 石油类																															
16. 动、植物油																															
17. 挥发酚																															
18. 总氰化物																															
19. 硫化物																															
20. 氨氮																															
21. 氟化物																															
22. 甲醛																															
23. 苯胺类																															
24. 硝基苯类																															
25. 阴离子表面活性剂（LAS）																															
26. 总铜																															
27. 总锌																															
28. 总锰																															
29. 彩色显影剂（CD－2）																															

续表 2-8

地区污染物/环境影响	北京	天津	河北	山西	内蒙古	辽宁	吉林	黑龙江	上海	江苏	浙江	安徽	福建	江西	山东	河南	湖北	湖南	广东	广西	海南	重庆	四川	贵州	云南	西藏	陕西	甘肃	青海	宁夏	新疆
30. 总磷																															
31. 元素磷（以 P 计）																															
32. 有机磷农药（以 P 计）																															
33. 乐果																															
34. 甲基对硫磷																															
35. 马拉硫磷																															
36. 对硫磷																															
37. 五氯酚及五氯酚钠（以五氯酚计）																															
38. 三氯甲烷																															
39. 可吸附有机卤化物（AOX）（以 Cl 计）																															
40. 四氯化碳																															
41. 三氯乙烯																															
42. 四氯乙烯																															
43. 苯																															
44. 甲苯																															
45. 乙苯																															
46. 邻二甲苯																															
47. 对二甲苯																															
48. 间二甲苯																															
49. 氯苯																															

续表 2-8

地区污染物/环境影响	北京	天津	河北	山西	内蒙古	辽宁	吉林	黑龙江	上海	江苏	浙江	安徽	福建	江西	山东	河南	湖北	湖南	广东	广西	海南	重庆	四川	贵州	云南	西藏	陕西	甘肃	青海	宁夏	新疆
50. 邻二氯苯																															
51. 对二氯苯																															
52. 对硝基氯苯																															
53. 2，4－二硝基氯苯																															
54. 苯酚																															
55. 间甲酚																															
56. 2，4－二氯酚																															
57. 2，4，6－三氯酚																															
58. 邻苯二甲酸二丁酯																															
59. 邻苯二甲酸二辛酯																															
60. 丙烯腈																															
61. 总硒																															
62. 病原体																															
63. 酸/碱 pH 值																															
64. 水温度变化																															
65. 水耗竭/过度利用																															
三、土地影响																															
1. 冶炼渣																															
2. 粉煤灰																															
3. 炉渣																															
4. 煤矸石																															
5. 尾矿																															

续表 2-8

地区污染物/环境影响	北京	天津	河北	山西	内蒙古	辽宁	吉林	黑龙江	上海	江苏	浙江	安徽	福建	江西	山东	河南	湖北	湖南	广东	广西	海南	重庆	四川	贵州	云南	西藏	陕西	甘肃	青海	宁夏	新疆
6. 其他渣（含半固态、液态废物，如油泥砂）																															
7. 农药																															
8. 酸沉降																															
9. 化肥																															
10. 人畜排泄物																															
11. 盐渍化																															
12. 水土流失																															
13. 危险废物（据《国家危险废物名录》）																															
14. 生活垃圾																															
15. 景观																															
四、生态影响																															
1. 生物量																															
2. 生物群落异质性程度																															
3. 物种多样性降低																															
4. 珍稀濒危物种消失																															
5. 景观连通程度																															
6. 植被覆盖率																															
7. 外来物种入侵																															
8. 土地荒漠化																															

3 环境影响经济评价参数测算方法

前述环境影响经济评价参数体系中的环境影响价值参数与各种调整系数都需要用一定的方法进行测算；在环境影响经济评价中，还有一部分与项目有关的环境参数也需要单独测算。因此，掌握环境影响经济评价参数的测算方法是做好环境影响经济评价的基础。环境影响经济评价参数测算是在对环境影响进行识别和量化的基础上，利用一定的方法进行货币化，以利于实际中的使用和判断。

3.1 环境影响的识别与量化

要进行环境影响经济评价，首先需要识别环境影响，然后量化环境影响，最后才能将环境影响货币化并纳入项目经济评价。我们首先界定要评价的环境影响。

3.1.1 环境影响

环境影响是指人类活动对环境的作用和导致的环境变化，以及由此引起的对人类社会和经济的效应。建设项目可以产生环境影响，规划、政策和战略也会产生环境影响。本书只涉及建设项目产生的环境影响。

环境影响在定义中包括两方面内容，一是建设项目引起的环境变化，如污染增加、水土流失等；二是这些环境变化引起人们福利水平的变化，如健康危害、生产损失、舒适度增加等。

建设项目可能引起以下四个方面的环境变化：

(1) 环境质量（从状况 A 变化到状况 B）；

(2) 景观服务（多/少）；

(3) 生态功能（损害/增强）；

(4) 独特环境（丧失/存在）。

这些方面就是环境价值的评估对象。

环境变化可能引起以下六个方面的人类福利变化：

(1) 健康（损害或改善）：误工，疾病，死亡；

(2) 生产（损失或获益）：农业，林业，工业；

(3) 材料、卫生（损害或保持）：腐蚀，清扫；

(4) 舒适性（提高或降低）：视觉，听觉，游憩；

(5) 生态环境安全感：生态系统功能（稳定或受损），生物多样性，臭氧层破坏，温室效应；

(6) 自然福利：自然环境不被破坏本身就能增进人的福利。

这些方面就是环境价值评估的直接评估对象。

环境影响中环境变化与福利变化之间的关系见表 3-1。

表 3-1 环境影响中环境变化会引起的福利变化

环境变化 / 福利变化	环境质量	景观服务	生态功能	独特环境
健康	√		√	
生产	√	√（房地产）	√	
材料/卫生	√			
舒适性	√	√		√
生态环境安全感	√		√	√
自然福利				√

3.1.2 环境影响分类

环境影响可以从不同的角度进行相应的分类。

（1）按照环境要素可以将环境影响分为：

大气污染（或大气质量改善，下同）；

水污染；

噪声污染；

固体废弃物污染，如占地，及其次生的大气污染和水污染等；

放射性污染；

生态要素变化，如植被减少、景观丧失、水土流失、水资源枯竭等；

生态系统变化，如生物多样性降低、濒危物种栖息地丧失、全球系统影响等。

（2）按照环境影响受体可以将环境影响分为：

对人群健康的影响；

对工农业生产的影响；

对材料、卫生的影响；

对舒适性的影响；

对安全感的影响；

对自然福利的影响。

（3）按照环境影响的影响范围可以将环境影响分为：

当地影响（或场内影响，on - site impacts），如水土流失造成的土壤肥力下降是当地影响；

外地影响（或场外影响，off - site impacts），如水土流失造成的下游水库淤积是外地影响。

也可以分为：

地方影响，如建一个中小型水库对周边的生态影响；

区域影响，如破坏大片森林的区域气候影响；

全球影响，如排放温室气体带来的温室效应。

（4）按照环境影响的持续时间可以将环境影响分为：

短期影响，如氮化肥污染造成的水体富营养化是短期影响；

长期影响，如磷化肥中的重金属残留对土壤的污染是长期影响。

（5）按照环境影响的不同性质可以将环境影响做不同类别的划分：

①根据经济学性质可以分为：

内部影响，建设项目业主承担代价的环境影响，如厂房内的噪声污染需要业主采取劳动保护措施或补贴办法；

外部影响，建设项目业主未承担代价的环境影响，如工厂对周边居民的噪声污染。

②根据自然属性可以分为：

有形影响，如项目对植被的破坏；

无形影响，如项目使生物多样性降低。

③根据人类需求可以分为：

正的环境影响（积极影响、有利影响），如大气质量改善；

负的环境影响（消极影响、不利影响），如大气污染。

④根据可逆性可以分为：

可恢复环境影响，如某些地区的植被破坏是可恢复的；

不可恢复环境影响，如物种灭绝是不可恢复的。

⑤根据作用的性质可以分为：

直接影响，如水污染导致鱼死亡；

间接影响，电厂燃煤排放的 SO_2 在空气中与水蒸气结合生成硫酸根，经高空长途漂移，遇雨后降落在外地水稻田，造成水稻减产；

累积影响，如长期、低剂量的大气 $PM_{2.5}$ 污染会造成对呼吸系统的累积影响。

3.1.3 环境影响识别

识别和筛选建设项目环境影响，是环境影响经济评价的第一步。识别项目的环境影响，不仅要识别污染因子（影响因子）引起的环境变化，而且要识别这些环境变化可能带来的对受体的影响。通常的环境影响评价一般只关注污染因子及其环境效应，如产生什么大气污染，污染物浓度有多大。环境影响经济评价需要进一步识别污染物浓度的提高对人群健康、农林业生产、环境卫生以及能见度等方面的影响。

在识别污染因子（影响因子）时应比对典型项目污染因子，避免遗漏，如对于热电项目，要识别是否有以下污染因子：

（1）大气污染因子：二氧化硫，一氧化碳，氮氧化物，氧化剂，温室气体，气溶胶/颗粒物，尘颗粒，臭味，挥发性有机物，无机物，金属（尤其是重金属铅等）等。

（2）土壤污染因子：酸/碱，固体废弃物，酸沉降，盐渍化，土壤侵蚀等。

（3）水污染因子：无机物（非金属），金属，农药，病原体，COD/BOD，酸/碱，人及动物排泄物，固体废弃物，酸沉降，水温变化，臭味，农药，有机物，金属（尤其是重金属）等。

（4）其他环境影响因子：水资源耗竭，噪声，电磁辐射，土地利用变化，水源变化，外来入侵物种，过度利用等。

在识别出项目的污染因子（影响因子）后，需要进一步识别这些污染因子可能引起的对受体的影响。可能产生的对受体的影响包括：

特定人群呼吸道疾病发病率、死亡率的变化；

特定人群癌症发病率、死亡率的变化；

特定人群消化道疾病发病率、死亡率的变化；

误工（病假不能工作）；

生活费用增加（加装隔音窗、购买桶装水等）；

一定范围农田作物损失；

一定范围企业生产损失（如自来水厂净化成本增加）；

材料损失（如酸雨腐蚀建筑物，使维修保养费用增加）；

卫生费用增加（衣物清洁费用、环境保洁费用等增加）；

舒适性降低（如污染导致的能见度降低、景观破坏等）；

安全感降低（如温室效应使异常气候增多，生态安全感下降）；

自然福利降低（失去独特环境给人带来的失落等）。

在识别出以上污染因子及其带来的对受体的影响以后，需要对这些环境影响进行筛选。在项目评价中，不可能对所有环境影响全部量化和货币化，筛选环境影响的目的是找出那些重要的并可以量化和货币化的环境影响。同时，有些重要的环境影响也可能无法量化或货币化。通过筛选环境影响，可以找出重要的环境影响，对可以量化的和货币化的加以经济评价，对无法量化和货币化的加以定性说明。这样才不至于错过最重要的影响，同时把主要精力放在主要的环境影响上。

一般从以下四个方面来筛选环境影响（Asian Development Bank，1996）：

筛选 1（S1）：影响是否为内部的或已被控抑？

环境影响的经济评价只考虑项目的外部影响，即未被纳入项目财务核算的影响。内部影响将被排除，内部环境影响是已被纳入项目的财务核算的影响。如果在这里再核算内部影响，在后面步骤将会出现重复计算问题。如厂界内噪声所产生的环境影响是内部影响，因为该环境影响应该在工人工资上有所反映，或引起劳动保护费用，这些都进入了项目的财务核算。环境影响的经济评价也只考虑项目未被控抑的影响。按项目设计已被环境保护措施治理掉的影响也将被排除。对环境保护措施进行技术经济分析时，需要考虑未被控抑的环境影响。

筛选 2（S2）：影响是小的或不重要的？

项目造成的环境影响通常是众多的、方方面面的，其中小的、轻微的环境影响将不再被量化和货币化。损益分析部分只关注大的、重要的环境影响。环境影响的大小轻重，需要评价者作出判断。

筛选 3（S3）：影响是否不确定或过于敏感？

有些影响可能是比较大的，但也许这些环境影响本身是否发生存在很大的不确定性，或人们对该影响的认识存在较大的分歧，这样的影响将被排除。另外，对有些环境影响的评估可能涉及政治、军事禁区，在政治上过于敏感，这些影响也不纳入经济评价。

筛选 4（S4）：影响能否被量化和货币化？

由于认识上的限制、时间限制、数据限制、评估技术上的限制或者预算限制，有些大的环境影响难以定量化，有的环境影响难以货币化，这些影响将被筛选出去，不再对它们进行经济评价。例如，一个建设项目破坏了一片森林，该森林对当地社区有很密切的联系，不但防风固沙保护该社区，而且与社区成员有着传统文化、精神或宗教上的联系。破坏森林引起当地社区在文化、心理或精神上的损失很可能是巨大的，但因为太难以量化，所以不再对此进行经济评价。

筛选环境影响的步骤，如图 3-1 所示。

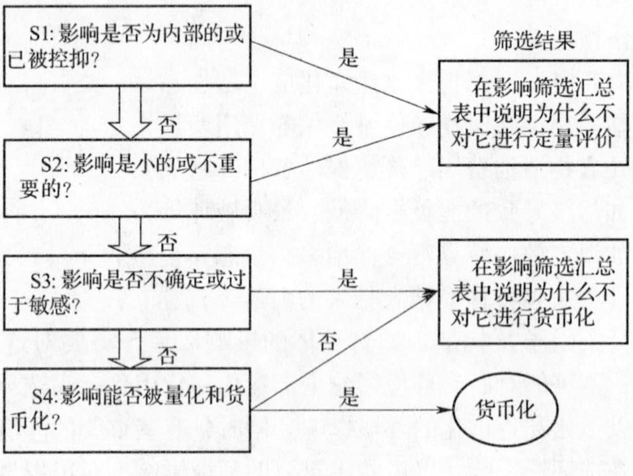

图 3-1 环境影响的筛选

把识别出的每一个环境影响，按照以上四个标准衡量一下，结果就是筛选出了同时符合以下条件的环境影响：尚未被控抑的外部影响，重要的、确定的并且能被量化和货币化的环境影响。筛选出的这些环境影响是进行环境影响经济评价下一步工作的对象。

3.1.4 环境影响量化

环境影响量化包括环境影响中污染因子引起的环境变化的量化和环境变化引起的受体影响的量化。环境变化量化通常在环境影响评价阶段已经完成。如大气评价人员可能用高斯烟羽扩散模型，估算出项目排气筒排放出的污染物在多大范围内保持该污染物的浓度是多少；水环境评价人员可能用一维稳态水质模型，估算出项目排放的在河流不同位置的污染物的浓度。但是环境变化引起的受体影响的量化，通常需要环境影响经济评价人员自己来进行。

由图 2－1 可知，量化受体反应的关键是剂量－反应关系，也称暴露－反应函数，指环境流行病学研究得到的污染剂量与暴露于该污染中的人群的反应之间的定量关系，或者是环境生物学研究得到的污染剂量与暴露于该污染中的生物的反应之间的定量关系。

由于污染剂量与暴露于该污染中的受体的反应之间关系的极端复杂性，建立这样的剂量－反应关系，需要在特定的人群中有大样本调查、多变量控制、长时段数据的支持才能完成，所以环境影响经济评价人员一般需要借助于环境流行病学和环境生物学已有的剂量－反应关系，来量化环境污染对受体的影响。

例如，杨敏娟（2008）研究了北京市大气污染对城区居民每日心脑血管疾病死亡的短期影响。据 2003 年 1 月 1 日 ~12 月 31 日北京市城区居民死亡统计资料，分析北京市城区研究期间大气主要污染物（SO_2）与居民每日死亡数的关系。结果表明大气 SO_2 浓度每升高 10μg/m^3，心脑血管疾病死亡危险性增加 0.4%（0.1% ~0.8%）。

据赵越（2007）研究表明，北京大气 SO_2 浓度每升高 10μg/m^3，呼吸系统疾病死亡率上升 4.0%。

据蔡宏道等（1995）研究，上海大气 SO_2 浓度每增加 10μg/m^3，则呼吸系统疾病死亡人数将增加 5%。

据徐希平等（1994）研究，北京大气 SO_2 浓度每升高 1%，则居民分病因每日死亡数，COPD 升高 0.29%，PHD 升高 0.19%。

据魏复盛等（2001）研究，中国城市大气 PM_{10} 浓度每升高 10μg/m^3，则支气管炎患病率在儿童人群中升高 0.93%，在成人人群中升高 0.51%；感冒时咳嗽的发生率在儿童人群中升高 1.19%，在成人人群中升高 0.48%。

据世界银行（1997）估计，城市大气 PM_{10} 浓度每升高 10μg/m^3，则会产生如下健康反应：在每 10 万人中每年增加：死亡 6 例，呼吸道疾病门诊（RHA）12 例，急救病例 235 例，下呼吸道感染 23 例，气喘病 2068 例，慢性支气管炎 61 例，上呼吸道疾病症状 183000 例，受限制活动天数 57500 天等。

量化后的环境影响可能表示为：

项目实施会使周边 2km^2 内的 1000 亩农田减产 10%；

项目实施会使下风向社区 20 万人暴露于 SO_2 二级标准以上污染，呼吸系统发病率增加 4%，心血管系统发病率增加 0.5%；

项目实施会使周边景区户外休闲旅游人数减少 10 万人/年。

环境影响量化后，就可以对它进行货币化，即环境影响的价值评估。

3.2 主要评估测算方法

环境影响经济评价参数估算需要使用一系列环境价值评估方法，这些评估方法是在不同历史时期根据人们的需要而开发出来的，其有效性不完全相同。

我们可以把环境影响价值评估方法分成三类：主要评估测算方法、成果参照法（Benefit Transfer，BT）、其他评估测算方法。

主要评估测算方法包括：

（1）旅行费用法（Travel Cost Method，TCM）；

（2）隐含价格法（Hedonic Pricing Model，HPM）；

（3）意愿调查法（Contingent Valuation Method，CVM）。

其他评估测算方法有：

（1）医疗费用法（medical expenditure approach）；

（2）人力资本法（human capital approach）；

（3）生产力损失法（loss of productivity approach）；

（4）恢复费用法（restoration or replacement cost approach）；

（5）影子工程法（shadow project approach）；

（6）防护费用法（averting cost approach）；

（7）机会成本法（opportunity cost approach）；

（8）反向评估（reverse valuation）。

主要评估测算方法都是有完善的理论基础的，是对环境价值（以支付意愿来衡量）的正确度量，可以称为标准的环境价值评估方法。该类方法已广泛应用于对非市场物品的价值评估。美国内政部（1986，1994）、商务部（1994）在各自起草的自然资源损害评估原则条例中都把这些方法作为适用的评估方法。世界银行、亚洲开发银行等国际发展机构都在环境评估中应用这些方法（Asian Development Bank，1996；World Bank，1998）。

3.2.1 旅行费用法

旅行费用法一般用来评估户外游憩地的环境价值，如评估湿地、户外景观、森林公园、城市公园等的游憩价值。旅行费用法的基本思想是，虽然游憩地不收费（或收很低费用），但到该地旅游还是付出了代价，这一代价即旅行费用。旅行费用越高，来该地游玩的人越少；旅行费用越低，来该地游玩的人越多，所以旅行费用成了旅游地环境服务价格的替代物，据此可以求出人们在消费该旅游地环境服务时获得的消费者剩余。旅游地门票为零时，该消费者剩余就是这一景观的游憩价值。

旅行费用法的实际操作步骤可以有许多种，其中一种是：

（1）以旅游地为中心，把周围地区分成由近及远的若干区域。到旅游地现场随机调查，调查项目包括：①旅客出发地区；②旅行费用；③收入水平；④教育等其他社会经济变量。其中的旅行费用，一般包括交通费用、超出平常的食物开支、野营费用以及时间费用等。

（2）求出全经验需求函数（whole－experience demand function），即旅游率与旅行费用等变量之间的函数关系。由第一步调查资料，可以计算出每个分区的旅游率（VR）。分区 i 的旅游率 VR_i，是分区 i 的游客占分区 i 总人口的比率。根据各个分区的旅游率、旅行费用、收入水平等，就可以求出以下全经验需求函数：

$$VR = f(TC, IN, SE) \tag{3-1}$$

式中 VR——旅游率；

TC——旅行费用；

IN——收入水平；

SE——游客的其他社会经济变量。

（3）求出环境服务价值。根据以上求得的全经验需求函数，就可以计算出旅游地环境价值。可直接根据全经验需求曲线 $VR=f(TC)$，求出每个区域的消费者剩余（CS_i），各区消费者剩余之和即为旅游地环境价值（W）。

如图 3-2 所示，首先计算一个地区的游客在环境服务消费中获得的消费者剩余 CS_i。图 3-2 中，V 是已知某区的全经验需求曲线，TC_1 是 1 区的旅行费用，TC_m 是使该区旅游率为零时的旅行费用（最大可能旅行费用），则该区的消费者剩余为：

$$CS_1 = \int_{TC_1}^{TC_m} f(TC)\,\mathrm{d}TC \tag{3-2}$$

景观价值为：

$$W = \sum_{i=1}^{n} CS_i \tag{3-3}$$

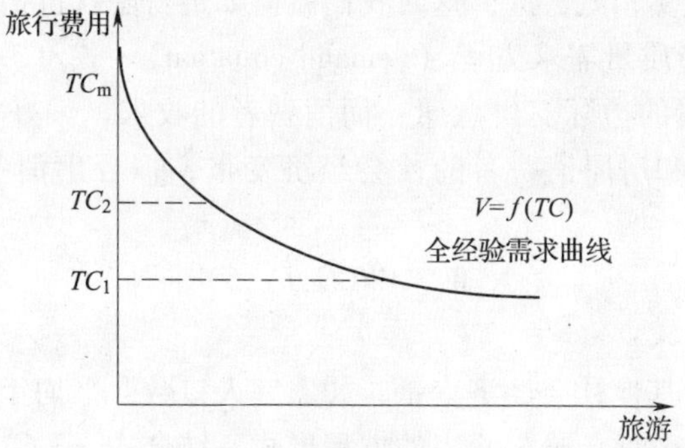

图 3-2 旅行费用法

3.2.2 隐含价格法

隐含价格法可用于评估大气质量改善的环境价值，也可用于评估大气污染、水污染、环境舒适性等的环境价值。

隐含价格法的基本思想是，以上环境因素会影响房地产的价格，市场中形成的房地产价格包含了人们对其环境因素的评估。通过回归分析，可以分析出人们对环境因素的估价。

隐含价格法对环境质量的估价一般需要以下两个步骤：

第一步，建立隐含价格方程（hedonic equation），将房产价格与房屋的各种特点联系起来。房屋价格一般受三类变量的影响：①房屋自身的建筑特点，如房屋的面积、房间数、建成时间等；②房屋所在的社区特点，如距商店远近、当地学校质量、交通状况、犯罪率等；③房屋周围环境质量状况，如大气污染程度、水污染状况等。以房产价格为因变量，以上述三类变量为自变量，可以建立回归方程：

$$P = P(S,N,Q) \tag{3-4}$$

式中 P——房屋市场价格；

S——建筑特点变量；

N——社区特点变量；

Q——环境质量变量。

收集各变量的实际数据，确定恰当的方程形式，可以求出隐含价格方程。根据这一方程可以求出环境质量的隐含价格（即对环境质量的边际支付意愿），用 W 表示。

$$W = \frac{\partial P}{\partial Q} \tag{3-5}$$

如果式（3-4）具有线性形式，则 W 是一个常数；否则，W 是环境质量的函数：

$$W = W(Q) \tag{3-6}$$

这时，我们已经求出了环境质量边际变化的价值。假设该房屋市场的所有消费者具有同样的收入和偏好，则环境质量非边际变化（从 Q_0 到 Q_1）的价值可通过对式（3-6）积分得到：

$$V = \int_{Q_0}^{Q_1} W(Q)\mathrm{d}Q = \int_{Q_0}^{Q_1} \frac{\partial P}{\partial Q}\mathrm{d}Q \tag{3-7}$$

如果上述假设与现实相差甚远，这时我们就需要进行隐含价格法的第二步。

第二步，建立环境质量需求方程（demand equation）。式（3-6）给出的是在固定收入和偏好下对环境质量的边际支付意愿，而消费者的收入、偏好等常常相差很大，这时就需要利用式（3-6）和房屋消费者的社会经济变量，拟合出消费者对环境质量的需求方程：

$$W = W(Q, IN, S) \tag{3-8}$$

式中 IN——消费者收入；

S——消费者的其他社会经济变量，如家庭人口数，平均年龄等。

收集消费者的变量数据，确定恰当的方程形式，结合式（3-6）就可以求出式（3-8）。环境质量从 Q_0 提高到 Q_1 的经济价值 V，可通过对式（3-8）积分得到：

$$V = \int_{Q_0}^{Q_1} W(Q, IN, S)\,\mathrm{d}Q \tag{3-9}$$

隐含价格法的应用需要具备两个条件：①房地产价格在市场中自由形成；②可获得完整的、大量的市场交易记录以及长期的环境质量记录。

3.2.3 意愿调查法

可用于评估几乎所有的环境对象，如大气污染的环境损害、户外景观的游憩价值、环境污染的健康损害、人的生命价值、特有环境的非使用价值。其中环境的非使用价值，只能使用意愿调查法来评估。

意愿调查法是通过构建模拟市场来揭示人们对某种环境物品的支付意愿（WTP），从而评价环境价值的方法。它通过人们在模拟市场中的行为，而不是在现实市场中的行为来进行价值评估，通常不发生实际的货币支付。

如果要得知人们对环境质量变化（$\Delta q = q_2 - q_1$）的支付意愿，可以通过两种方式求得：①在方法设计中直接调查人们对 Δq 的支付意愿，这种方法直接明了，但难以推知超过 Δq 的支付意愿；②在方法设计中调查人们对环境质量许多变化的支付意愿，建立支付意愿方程，根据方程求出环境质量某种变化的价值。对环境质量变化的支付意愿方程的一般方式是：

$$W = W(q, IN, S) \tag{3-10}$$

W 是环境质量消费者对环境质量从原水平 q_0 变化到 q 的支付意愿，q 是变化后的环境质量水平，IN 是消费者收入水平，S 是一组代表消费者偏好的其他社会经济变量。通过调查获得有关数据，确定方程形式（代表消费者的偏好结构），就可以求得任一环境质量变化 Δq 的价值 V：

$$V = \int_{q_1}^{q_2} \frac{\partial w}{\partial q}\mathrm{d}q \tag{3-11}$$

坚实的理论基础为意愿调查法准确评估环境价值提供了可能性，要实现这种可能性，在很大程度上有赖于在意愿调查法实施步骤中努力避免各种偏差。

意愿调查法应用的关键在于受到严格检验的实施步骤。从市场设计、问题提问、市场操作、抽样，一直到结果分析，每一步都需要精心设计，成功的设计要依靠实验经济学、认知心理学、行为科学以及调查研究技术的指导。

1. 模拟市场设计

设计模拟市场的目的是要构建一个合理的环境物品交易机制，包括准确描述环境物品的性质和数量、环境物品的供给机制、购买环境物品的支付手段等，尽量做到模拟市场真实可信，并能被人们所理解。如果不能准确描述环境物品的性质和数量，就有可能出现“部分 - 整体偏差”（part - whole bias），即所要评估的是一个小的环境物品，而被调查者可能给出的是对一个包括这个小的环境物品和大的环境物品的支付意愿。如果不能准确描述环境物品的供给机制，许多人可能成为“免费乘客”而低估自己的支付意愿，造成策略偏差（strategic bias）。

意愿调查法已经能够识别所有这些偏差，并通过精心设计把偏差控制在能被接受的范围内。

2. 问题提问方式选择

在模拟市场中，可以有不同方式去揭示人们对环境质量的支付意愿。主要有四种方式：

（1）直接提问，即直接提问被调查者对所指环境物品的支付意愿。

（2）投标博弈（bidding game），即首先提问被调查者是否愿意为某环境物品支付 X（元）。如果回答愿意，则提高 X 的值，继续提问，直到回答不愿意；如果回答不愿意，则降低 X 的值，继续提问，直到回答愿意。最后得到的 X 值即支付意愿。投标博弈可能带来起点偏差（starting point bias），即 X 的起点值可能会对最后的支付意愿值产生影响。

（3）支付卡（payment card），是 Mitchell 和 Carson 为避免起点偏差而设计的提问方式，让被调查者在一个支付卡上打钩。

（4）0 - 1 选择（discrete response），即指定一个对某环境物品的支付值 Y（元），提问被调查者是否愿意支付 Y。对回答“是”与“否”的结果，通过一个离散模型求得人们的支付意愿值。以上方式的选择与评估对象、评估要求有关。

3. 模拟市场操作

实施这一模拟市场可以有三种方式：当面陈述与提问；通过电话陈述与提问；通过信函陈述与提问。三种方式各有利弊，当面调查可以更好地把握模拟市场，调动人们参与，但费用较高；电话调查把握市场的能力次之，无法展示视觉材料以准确定义环境物品；信函方式费用最低，但把握市场能力差，不回信者会造成抽样偏差。一般根据研究预算决定操作方式。

4. 抽样调查

概率抽样技术可以使评价结果能从部分推知全体。必须保证所抽总体是某一环境物品的全部消费者，而总体中的每一个个体都有相同且已知的被抽取概率。正式调查前一般要进行预调查，以改进整个方法的设计。

5. 结果分析

调查结果要进行纠正性分析，消除因样本特性与总体不符所带来的偏差。一般通过回归方程进行纠正。

3.3 成果参照法

成果参照法是把已有的环境影响估值结果应用于目前要评价的环境影响。在以下情况下需要使用成果参照法：①没有足够的时间使用初始评价方法来评价目前的环境影响，一般初始评价方法需要6~8个月的时间才能完成评价；②没有足够的预算使用初始评价方法来评价目前的环境影响，一般初始评价方法需要5万~10万美元（在发达国家）或10万~30万元（在中国）才能完成评价；③目前要评价的环境影响没有关键到用它来决定项目是否上马的程度。

1. 成果参照法的类型和步骤

成果参照法有三种类型：

（1）直接参照单位价值，如引用某人评估某地的游憩价值：30美元/人次。

（2）参照已有案例研究的评估函数，代入要评估的项目区变量，得到项目环境影响价值，例如：引用 $VR = 3.776 - 0.039TC + 0.001IN$。

（3）进行Meta分析，以环境价值为因变量，以环境质量特性、人口特性、研究模型等为自变量。Meta回归分析式为：

$$V = f(E, P, M, \cdots) \tag{3-12}$$

成果参照法的步骤，见图3-3。

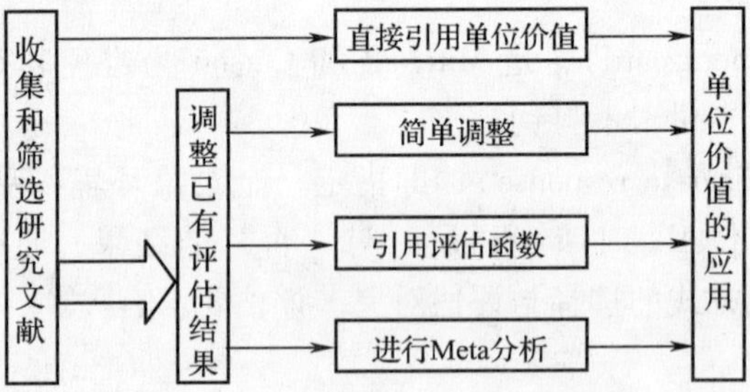

图3-3 成果参照法的步骤

2. 环境估值差别产生的原因

收集文献时会发现，不同研究文献中研究者对相似环境的估值结果常常不一致。环境估值差别产生的可能原因有：

（1）不同人群对环境物品或服务的需求是不同的。需求 $= f$（收入，偏好，替代品，价格）这意味着：在理论上，环境价值本应因地、因时、因人而异，像其他商品一样。

（2）不同地区其他市场商品的价格是不同的。

如旅行费用影响景观价值。旅行费用变高时，景观价值降低。

（3）对估值对象的界定是不同的。

如对环境影响的幅度的界定可能是不同的，环境变化发生的位置也可能不同，在高污染环境中降低 $0.1mg/m^3$ 的 PM_{10} 浓度，与在低污染环境中降低同样的浓度，其环境价值是不同的，因为边际效益递减率在起作用。

（4）使用的评估技术不同。

意愿调查法和人力资本法对生命价值的评估结果是不同的。

（5）使用的评估模型不同。

经济计量模型不同，个体旅行费用法（individual TCM）与分区旅行费用法（zonal TCM）可能产生不同结果。意愿调查法中，提问方式不同，也可能产生不同结果。

（6）研究质量的高低。

数据质量，样本大小，研究者的判断等因素可能影响研究质量。

第（1）~（3）条原因是正当的原因，第（4）~（6）条原因是不正当的原因（人为因素造成估值差别），即环境估值差别不应该来自于第（4）~（6）条原因。

3. 参照对象的筛选标准

收集大量的案例研究后，需要筛选出适用于某一具体环境影响评价项目的参照对象，筛选的标准是：

（1）案例研究中和环境影响评价项目中，环境影响的种类和程度是相似的。如都是大气的 SO_2 的中度污染。

（2）环境影响发生地是相似的。在人口、地理和环境等方面都相似。

（3）研究案例中包含有环境影响发生地的社会经济特征，以便在必要时，进行 Meta 分析。

（4）高质量的研究。发表在核心期刊上，高质量报告，最新的研究文献。

4. 直接引用单位价值

在收集已有研究案例的基础上，有时可以直接引用案例研究中的估值结果。直接引用要同时具备以下条件：

（1）环境影响类型相同，影响幅度相似。如都是大气的 SO_2 污染，污染程度相近。

（2）环境影响发生地相似，在人文、地理和环境等方面属于同一类型。如同是黄土高原的水土流失，或同是北京的地表水污染。

（3）最新的研究，含有单位价值。

5. 估值结果的简单调整

在大多情况下，已有估值结果不能直接被引用，需要调整后才能使用。调整的内容一般包括：

（1）时间。物价因素的调整，如 2001 年的 1 元和 2008 年的 1 元是不等值的，需用物价指数（CPI）换算。换算系数来自于两个年份的物价指数之比。

（2）收入水平。价值（支付意愿）受支付能力、收入水平的影响，环境影响价值的简单调整可先调整这一主要影响因素。

（3）货币。所参照的估值结果可能是用美元等其他货币表示的，需换算成本地货币。

6. 引用评估函数

除参照文献筛选的一般标准外，引用评估函数还要具备以下条件：

（1）文献中含有评估函数。如含有旅游率函数、支付意愿函数、房屋价格函数、剂量反应函数等。

（2）当前项目中有充分的数据用于评估函数。通常需要项目地的环境特征、人口社会经济变量值等。

不管是直接引用或是调整后引用，最后可以得到环境影响的单位价值。把得到的单位价值用于当前项目时，要注意环境影响幅度、影响人群的规模等。

单位价值乘以受影响的人数、天数、排放量等，得到总价值。而受影响的人数、天数等是因项目而异的，所以必须调查了解当前项目的环境影响幅度和影响人群规模，乘以单位价值，才能得到环境影响经济价值。

3.4 其他评估测算方法

其他评估测算方法都是基于费用或价格的。它们虽然不等于价值，但据此得到的评估结果通常可作为环境影响价值的低限值。

该类方法的优点是，所依据的费用或价格数据比较容易获得，数据变异小，易被管理者理解。缺陷是理论基础薄弱，这类方法评估出的并不是以支付意愿为量度的环境价值。

3.4.1 医疗费用法

用于评估环境污染引起的健康影响（疾病）的经济价值。

如果环境污染引起某种疾病（发病率）的增加，治疗该疾病的费用可以作为人们为避免该环境影响所具有的支付意愿（WTP）的低限值。

例如，大气 SO_2 污染会使哮喘发病率增加。一例哮喘发病的治疗费用若是 150 元/天，每次发病若持续 7 天，则避免该疾病一次发病的支付意愿最少有 1050 元。这里需要剂量－反应关系才能完成评估。

医疗费用法估价健康影响的缺陷是，它无视疾病给人们带来的痛苦。人们避免疾病，一方面是为了避免医疗费用，另一方面是为了避免疾病带来的痛苦。医疗费用法没有捕捉到健康影响的这一方面。

3.4.2 人力资本法

人力资本法用于评估环境污染带来的健康影响（收入损失、死亡）。

环境污染引起误工、收入能力降低、某种疾病死亡率的增加，由此引起的收入减少，可以作为人们为避免该环境影响所具有的支付意愿（WTP）的低限值。

人力资本法把人作为生产财富的资本，用一个人生产财富的多少来定义这个人的价值。由于劳动力的边际产量等于工资，所以用工资表示一个人的边际价值，用一个人工资的总和（经贴现）表示这个人的总价值。

人力资本法计算的是环境污染带来的健康损害对社会造成的损失价值，这是其价值计量的基本点。基于这一社会角度，标准的人力资本法采取如下做法：①只计算工资收入，不计算非工资收入，因为劳动力只创造工资；②无工资收入者，价值取为零，包括退休者（年金收入者）、无工作者、未成年人期间；③采用税前工资；④工资不反映劳动力边际产量时采用影子工资；⑤严格的人力资本法从工资收入中还要减去个人的消费，从早逝造成的工资丧失中还要减去医药费的节省；⑥贴现未来工资收入时，采用社会折现率。

如儿童铅中毒可降低智商，减少预期收入（流行病学，社会学），所减少的预期收入可作为这一环境污染造成健康危害的损害价值。

人力资本法有以下技术缺陷：①不反映人们对避免疾病引起的痛苦和对避免闲暇时间

的丧失所具有的支付意愿。人们避免疾病，一方面是为了避免工资收入损失，另一方面是为了避免疾病引起的痛苦和闲适时间的减少，人力资本法未考虑这一方面。②无工资收入者对环境污染造成的疾病和早逝风险的减少也有支付意愿。人力资本法对环境污染损失的估值结果，不反映这部分人的福利变化。③社会折现率与个人贴现率（个人时间偏好率）不等值，并且人力资本法的价值评估结果对社会折现率的选择非常敏感。

3.4.3 生产力损失法

生产力损失法又叫市场价值法，用于评估环境污染和生态破坏造成的工农业等生产力的损失。其基本思想是，环境质量是生产中的一个生产要素，像土地、劳动和资本一样，其变化会影响产出量的变化。由于产出量变化的价值可以根据产品市场价格求出，由此可以求出环境质量变化的价值。该方法用环境破坏造成的产量损失乘以该产品的市场价格，来表示该环境破坏的损失价值。

例如，水泥厂的粉尘落在附近农田的作物上（如小麦），造成小麦减产。则水泥厂粉尘污染给附近农业带来的损失，为小麦减产量乘以小麦价格，即：污染损失 = 小麦减产量 × 小麦价格。

又如，一个土地整治计划改善了土地环境质量，使土地生产力不断增加。如果不实行这项计划，土地会因水土流失等使其生产力不断下降。这项改善土地质量的计划的价值，就是整治比不整治时生产力变化的市场价值。

图 3-4 中，S_1 是实施整治计划后土地产出量随时间变化的曲线；S_2 是不实施整治计划时土地产出量随时间变化的曲线。在 D 段时间内，实施该计划后获得的总产出量是面积 $ABDO$；不实施该计划时获得的总产出量是面积 $ACDO$。二者的差值乘以产品市场价格，即该计划改善土地质量的经济价值，等于面积 ABC 乘以产品价格。

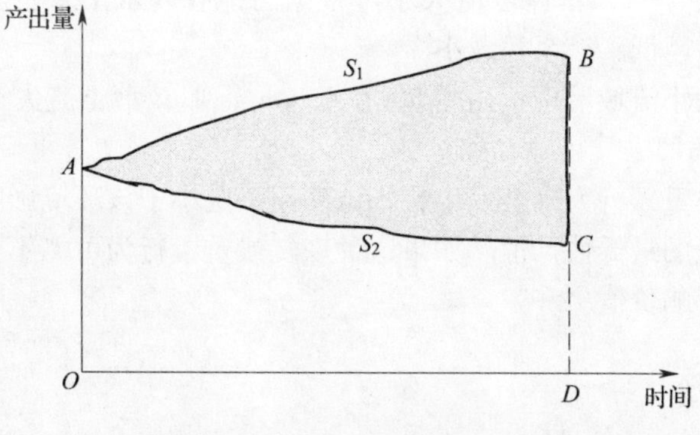

图 3-4 生产力变动

如果环境污染引起的产量变化大到足以引起该产品的市场价格发生变化，这时需要估计该产品市场的需求曲线和供给曲线，环境质量变化的价值等于消费者剩余和生产者剩余之和的变化值。

生产力损失法浅显易懂，根据市场价格求得的评估价值客观性强。但生产力损失法有一个隐含前提，即受到污染的农民只能接受污染。如果他改变种植计划，种植对某种污染物不敏感的作物，那么他既可以不受污染损害，又可以不支付治理污染费。当存在这种选择时，生产力损失法将不再适用。

粉尘对作物的影响，酸雨对作物和森林产量的影响，湖泊富营养化对渔业的影响，常用生产力损失法来评估。如据高吉喜等（1994）测算的，两广酸雨使玉米减产10%～15%。减产量乘以当年玉米价格，作为酸雨的农业危害损失。

应用生产力损失法，需要依据受控实验（霍焕，1979；吴刚，1994）或野外调查后进行生物统计分析，来确定污染和损失的剂量－反应关系。

3.4.4 恢复费用法

恢复费用法，用以某种恢复方式提供某一环境物品的最低成本来表示这一环境物品的价值，也称重置成本法。用于评估水土流失、重金属污染、土地退化等环境破坏造成的损失。

比如水土流失造成耕地生产力下降。如果使水土流失的耕地恢复到以前同等水平的生产力，则需要以下恢复费用：①采运土壤的劳务费和运输费；②土壤养分流失的恢复费用，可用施等量的化肥乘以化肥市场价格计算。如果考虑化肥的有效利用率，可能更全面；③追加的灌溉、保养、平整土地的费用；④补偿水土流失给低地农户造成的损失费用。

使用恢复费用法时需要注意：

（1）各项恢复费用应是达到同等效果的最低现实费用。如流失养分的恢复费用，既可以用低价的普通化肥，又可以用高价的优质肥，在达到同等效果情况下，要用总费用最低的化肥作为计算基础。

（2）如果当事人有恢复行为，则可用各项恢复费用的总和作为原有环境物品的价值；如果当事人没有恢复行为，只有恢复意向，则应用各项恢复费用总和乘以一个调整系数，该系数取值范围是从0～1，具体取值大小可根据当地收入水平来定。收入水平越高，该系数越大；收入水平越低，该系数越小。

如果水土流失的小流域治理费用是50万元/km^2，那么水土流失这一环境影响的损失价值就是50万元/km^2。

如果这种恢复或重置行为确会发生，则该费用一定小于该环境影响的价值，该费用只能作为环境影响价值的最低估计值。如果这种恢复或重置行为可能不会发生，则该费用可能大于或小于环境影响价值。

3.4.5 影子工程法

影子工程法用复制具有相似环境功能的工程的费用来表示该环境的价值，是重置费用法的特例。当某一项目的建设会使环境质量遭到破坏，而且在技术上无法恢复或恢复费用太高时，人们可以同时设计另一个作为原有环境质量的替代品，以便使环境质量对经济生产和人民生活的影响保持不变。影子工程法用于评估水污染造成的损失、森林生态功能价值等。

如森林具有涵养水源的生态功能，假如一片森林涵养水源量是100万m^3，在当地建造一个100万m^3库容的水库的费用是150万元，那么可以用这150万元的建库费用，来表示这片森林涵养水源生态功能的价值。

如果这种复制行为确会发生，则该费用一定小于该生态环境的价值，只能作为该环境影响价值的最低估计值。如果这种行为可能不会发生，则该费用可能大于或小于环境影响价值。

3.4.6 防护费用法

防护费用法用避免某种污染的费用来表示该环境污染造成损失的价值，可用于评估噪声、危险品和其他污染造成的损失。

如用购买桶装净化水作为对水污染的防护措施，由此引起的额外费用可视为水污染的损害价值。同样地，购买空气净化器以防大气污染，安装隔音设施以防噪声，都可用相应的防护费用来表示环境影响的损害价值。

如果这种防护行为确会发生，则该费用一定小于该损失的价值，只能作为该损失的最低估计值。如果这种行为可能不会发生，则该费用可能大于或小于损失价值。

3.4.7 机会成本法

机会成本法是指用保持某一环境物品的机会成本来表示人们消费该环境物品的代价。

机会成本法计算的并不是环境物品的价值。有时保护环境的效益价值难以计算，如保留一片生态保护区的价值，但是如果把这片生态保护区用做经济开发，它能产生的最大效益就比较容易计算出来。某一环境物品做其他用途的最大净效益是该环境物品现有用途的机会成本。计算出环境物品现有用途的机会成本，可以帮助社会决策更好地配置环境资源。严格来说，机会成本法并不是环境价值评估方法，它只是以另外一种方式帮助达到环境资源的最优配置。

例如，新西兰有一个水电开发计划，该计划是想通过提高一个风景湖区的水位来发电。如果实施该计划，将严重破坏湖泊景观及野生生物，丧失旅游价值、美学价值和某些野生生物栖息地的价值。但是，这些价值难以计算。为了帮助决策环境资源的配置，新西兰研究者对水电开发方案进行了全面的费用效益分析，考虑了水电价值以及旅游和渔业价值的损失。但是没有考虑该湖的景观价值和野生生物栖息地价值，因为这两部分价值难以估算。费用效益分析的结果是，水电开发方案的净现值为2000万~2500万新元（1973年价格）。按国民人均，平均每人约合8.00新元；在项目计算期内，每年每人约合0.62新元。这就是保护该湖区的机会成本。现在的问题是：保护该湖区的风景、生态及野生生物及其栖息地的价值，是否值得以上人均收入的牺牲？这可以通过民意调查来得知。新西兰政府考虑后认为是值得的，最后决定不提高湖泊水位，放弃水电开发计划。

3.4.8 反向评估

反向评估不是直接评估环境影响的价值，而是根据项目的内部收益率或净现值反推，推算出项目的环境成本不超过多少时，该项目才是可行的（数据严重不足时，可考虑采用）。

例如，根据可行性研究报告，项目成本是120万元，收益是150万元，则环境成本不超过30万元时，该项目才是可行的。要判断的是，识别出的环境影响的价值将会大于30万元或是小于30万元，根据已有文献可作出判断。

上述三类环境价值评估方法的选择优先顺序（在可能情况下）应为：首选旅行费用法、隐含价格法和意愿调查法等主要评估方法，因其理论基础完善，是标准的环境价值评估方法；其次可选成果参照法，因其依据初始的主要评估方法；在主要评估方法和成果参照法无法得到应用时，用其他补充的评估方法也有助于项目决策。

在环境影响经济评价实践中，最常用的方法是成果参照法。

3.5 环境影响的费用效益分析

费用效益分析，又称国民经济分析法、经济分析法，是环境影响的经济评价中使用的另一个重要的经济评价方法。它是从全社会的角度，评价项目、规划或政策对整个社会的净贡献。它是对项目（可行性研究报告中的）财务分析的扩展和补充，是在财务分析的基础上，考虑项目等的外部费用（环境成本等），并对项目中涉及的税收、补贴、利息和价格等的性质重新界定和处理后，评价项目、规划或政策的可行性。

1. 费用效益分析与财务分析的差别

费用效益分析和财务分析的主要不同有：

（1）分析角度不同。财务分析是从厂商（即以赢利为目的的生产商品或劳务的经济单位）的角度出发，分析某一项目的赢利能力。费用效益分析则是从全社会的角度出发，分析某一项目对整个国民经济净贡献的大小。

（2）使用价格不同。财务分析中所使用的价格是预期的现实中要发生的价格；而费用效益分析中所使用的价格，则是反映整个社会资源供给与需求状况的均衡价格。

（3）对项目的外部影响的处理不同。财务分析只考虑厂商自身对某一项目方案的直接支出和收入；而费用效益分析除了考虑这些直接收支外，还要考虑该项目引起的间接的、未发生实际支付的效益和费用，如环境成本和环境效益。

（4）对税收、补贴等项目的处理不同。在费用效益分析中，补贴和税收不再被列入企业的收支项目中。

2. 费用效益分析法的步骤

费用效益分析法有两个步骤：

（1）基于财务分析中的现金流量表（财务现金流量表），编制用于费用效益分析的现金流量表（经济现金流量表）。实际上是按照费用效益分析和财务分析的以上差别来调整财务现金流量表，使之成为经济现金流量表。要把估算出的环境成本（环境损害、外部费用）计入现金流出项，把估算出的环境效益计入现金流入项。表3-2是经济现金流量表的一般结构。

表3-2 经济现金流量表（举例）（万元）

编号	名称	建设期			投产期		生产期		合计
	年序号	1	2	3	4	5	6～24	25	
（一）	现金收入								
	1. 销售收入				50	60	80	80	

续表 3-2

编号	名称	建设期			投产期		生产期		合计
	年序号	1	2	3	4	5	6~24	25	
	2. 回收固定资产残值							20	
	3. 回收流动资金							20	
	4. 项目外部效益				8	8	8	8	
	流入合计				58	68	88	128	
（二）	现金流出								
	1. 固定资产投资	7	20	5					
	2. 流动资金				10	10			
	3. 经营成本				20	20	20	20	
	4. 土地费用	1	1	1	1	1	1	1	
	5. 项目外部费用	10	10	10	10	10	10	10	
	流出合计	18	31	16	41	41	31	31	
（三）	净现金流量	-18	-31	-16	17	27	57	57	
计算指标：1. 经济内部收益率： % 2. 经济净现值（$r=12\%$）									

（2）计算项目可行性指标。在费用效益分析中，判断项目的可行性有两个最重要的判定指标：经济净现值和经济内部收益率。

①经济净现值（$ENPV$）：

$$ENPV=\sum_{t=1}^{n}(CI-CO)_t(1+r)^{-t} \tag{3-13}$$

式中 CI——现金流入量（cash inflow）；

CO——现金流出量（cash outflow）；

$(CI-CO)_t$——第 t 年的净现金流量；

n——项目计算期（寿命期）；

r—贴现率。

经济净现值是反映项目对国民经济所作贡献的绝对量指标。它是用社会折现率将项目计算期内各年的净效益折算到建设起点的现值之和。当经济净现值大于零时，表示该项目的建设能为社会作出净贡献，即项目是可行的。

②经济内部收益率（$EIRR$）：

$$\sum_{t=1}^{n}(CI-CO)_t(1+EIRR)^{-t}=0 \tag{3-14}$$

经济内部收益率，是反映项目对国民经济贡献的相对量指标。它是使项目计算期内的经济净现值等于零时的贴现率。国家公布有各行业的基准内部收益率。当项目的经济内部收益率大于行业基准内部收益率时，表明该项目是可行的。

这里所说的贴现率（discount rate），是将发生于不同时间的费用或效益折算成同一时点上（现在）可以比较的费用或效益的折算比率，又称折现率。之所以要贴现，是因为现在的资金比一年以后等量的资金更有价值。项目的费用发生在近期，效益发生在若干年后的将来，为使费用与效益能够比较，必须把费用和效益贴现到基年。

$$PV = FV/(1+r)^t \tag{3-15}$$

式中 PV——现值（present value）；

FV——未来值（future value）；

r——贴现率（discount rate）；

t——项目期第 t 年。

若取贴现率 $r=10\%$，则 10 年后的 100 元钱，只相当于现在的 38.5 元；60 年后的 100 元钱，只相当于现在的 0.33 元。

选择一个高的贴现率时，由式（3-15）可见，未来的环境效益对现在来说就变小了；同样，未来的环境成本的重要性也下降了。这样，一个对未来环境造成长期破坏的项目就容易通过可行性分析；一个对未来环境起到长期保护作用的项目就不容易通过可行性分析。高贴现率不利于环境保护。

但是一个高的贴现率对环境保护的作用是两面的，因为高贴现率的另一个影响是限制了投资总量。任何投资项目都要消耗资源，在一定程度上破坏环境。降低投资总量会在这一方面有利于资源环境的保护。从这方面来看，恰当的贴现率并非越小越好。理论上，合理的贴现率取决于人们的时间偏好率和资本的机会收益率。

进行项目费用效益分析时，只能使用一个贴现率。为考察环境影响对贴现率的敏感性，可在敏感性分析中选取不同的贴现率加以分析。

3.6 环境影响经济评价的案例

3.6.1 案例一：电力和能源项目环境影响经济评价

本案例讨论电力和能源项目环境影响的价值评估问题，为亚洲开发银行的案例研究，引自亚洲开发银行《环境影响经济评价工作手册》。经济评估依据的数据取自 1992 年 4 月计划在菲律宾建立一座 70 万 kW 燃煤电厂准备的环境影响报告书（EIS）（BHP Engineering，1992）。该电厂位于 Pagbilao Grand 岛（在马尼拉以南大约 115km 处），计划投资 8.5 亿美元，每年将为 Quezon 地区提供 46 亿 kW · h 的电力。

Pagbilao 的环境报告书中所确定的影响，对于热电厂和能源项目来说是非常典型的。Pagbilao 案例中使用的方法适用于大多数类型的电力项目。当然，这些项目产生的环境影响可能不尽相同。如热电厂的影响不同于水电项目或电力传输项目的影响，后两者分别对水和土地产生重要的影响（见图 3-5 和图 3-6）。

电力和能源项目的分类

- 以煤炭、燃料油、天然气、市政固体废弃物为燃料的热力发电厂
- 以煤炭、燃料油、天然气、市政固体废弃物和生物量（biomass）为燃料的热电联产厂
- 以煤炭、燃料油、天然气、市政固体废弃物和生物量为燃料的集中供热系统
- 利用可再生资源（太阳能、太阳光、风能、生物量地热）的发电项目、水电（河流、水库）项目
- 输电线路（电网）项目

图 3-5 电力和能源项目的分类

估计水电和输电项目的环境影响

Pagbilao 案例主要关注空气污染的影响。对水电项目和输电项目来说，这些影响并不十分显著，同燃烧矿物燃料的项目相比，它们的影响更具有布局特征。一般来说，水电和输电项目最重要的影响因子和影响分别为：

水电项目：

- 甲烷排放引起的全球气候变化；洪水过后的植被腐烂对全球系统的影响。
- 输电线路产生的电磁辐射同癌症的发病率有关，但只有很少的证据能支持这一结论。
- 暂时性或永久性的水路改变，包括利用河水的水电项目导致的水路改变/采水问题，会因为供水减少、水质下降以及对鱼类和水生生态系统的损害等对人体健康造成影响。
- 小型或大型的水坝项目产生的水渠/蓄水问题，会由于传染病增加以及对鱼类和水生生态系统的损害等对人体健康造成影响。
- 同暂时性或永久性的地面堤坝工程相关的土壤侵蚀问题，会导致水土流失以及河床淤积，进而对水生生态系统造成影响。控制土壤侵蚀可以看作是一个项目的效益，因为它减少了季节性洪涝。
- 森林、农场和社区等地发生的洪水导致的土地利用问题，会由于传染病发病率的增加和农场用地的减少以及对社会和文化资源的影响等，对人体健康和福利造成影响。
- 迫使人们迁移到其他地方导致的民众安置失当。迄今为止，似乎尚没有根据经济价值评估技术对非自愿移民的人力成本进行评价。

输电项目：

- 输电线路产生的电磁辐射与癌症的发病率有关，但只有很少的证据能支持这一结论。
- 同暂时性或永久性的地面工程相关的土壤侵蚀问题，会减少土壤并影响农业和陆地生态系统。
- 土地利用：输电线路占用的土地会影响居民户的安置，或限制了农业和其他生产用地。

由于影响的类型和水平因项目和布局而异，所以对这些项目使用成果参照法效果不好。可能的情况下，对某些影响进行定量分析（如人体健康），并采用一些经济技术来估算其货币价值。控抑成本比较技术可以用来界定影响估值的范围，但是这一技术不能计算出实际损害价值。总之，很难为水电和输电项目提供一般性的定量估算结果，因此对这类项目需要进行全面环境影响评价，以充分评价其影响。

图 3-6 水电和输电项目的环境影响

1. 影响的确定与筛选

一般来说，在评估环境价值之前要做下述两类工作：确定并列出某一项目所有实际和潜在的环境影响因子和影响，对这些影响进行筛选以决定最重要的影响。

通常来说，不同类型的电力和能源项目的潜在影响因子和影响是很相似的。但是，由于项目结构、选址、所采用的控抑措施等因素不同，具体项目的潜在影响因子会有所差异。表 3-3 显示的是 Pagbilao 电厂项目的影响因子、排放数据和相应的影响类型，以及预期将采用的控抑措施或必须达到的经济质量标准。表 3-3 以一般燃煤电厂的潜在影响因子作为出发点，然后对该项目环境影响报告书中所列项目进行检验，并增添了关于排放水平和潜在控抑措施的详细信息。

表 3-3 Pagbilao 电力项目的潜在影响因子和影响

影响因子	影响因子的确定	潜在影响	EIS 的排放数据	注释和说明
潜在排放/对大气的影响				
有害化学品				
1. 无机物	√	发病率	没有数据	排放水平可能较低
2. 金属	√	发病率、死亡率	没有数据	汞和铅排放水平较低
3. 有机物（如 VOCs）	√	发病率、死亡率	没有数据	排放水平可能较低
4. 农药	√			
气体				
5. 一氧化碳	√	发病率	没有数据	排放水平可能较低
6. 二氧化硫	√	发病率	839.5～1584mg/scm	含硫量为 1% 的煤，可以达到标准
7. 氮氧化物	√	发病率	500～700mg/scm	可以达到标准
8. 氧化剂	√	发病率、死亡率	没有数据	产生于氮氧化物、挥发性有机物的二级污染物；不是直接排放
9. 温室气体	√	全球系统	177 万吨煤/年	电厂排出大量二氧化碳
10. 气溶胶/颗粒物（PM_{10}）	√	发病率、死亡率	没有数据	二氧化碳和氮氧化物二级污染物物；非直接排放
11. 颗粒物（大于 PM_{10}）	√	发病率	109.6mg/scm	安装能够去除 95%～99% 的设备以达标
12. 电磁辐射	√	发病率	没有数据	产生于电厂 230kV 输电线路
13. 噪声	√	美学	能够达标	内部 95dB，外部将达标
14. 臭味	√			
潜在排放/对水的影响				
有害化学品				
15. 无机物	√	发病率	没有数据	产生于锅炉清洗；不经常、少量

续表 3-3

影响因子	影响因子的确定	潜在影响	EIS 的排放数据	注释和说明
潜在排放/对水的影响				
有害化学品				
16. 金属	√	发病率	没有数据	产生于锅炉清洗；不经常、少量
17. 有机物		死亡率		
18. 农药				
19. 疾病/病原体				
20. BOD/COD				
21. 外来物				
22. 酸/碱				
23. 化肥				
24. 废品	√		470m^3/d	废水系统应该防止任何影响
25. 酸沉降	√	发病率	没有数据	二氧化碳和氮氧化物二级污染物；非直接排放
26. 盐渍化		资源利用		
27. 颗粒物/沉积				
28. 河道改变/采水	√		13000m^3/d（淡水）	从 Palsbagen 河
29. 水渠/蓄水		资源利用		
30. 温度变化	√		最大升高 7℃，最高温度 37℃	从制冷系统的热水流排放到海洋
31. 过度利用		资源利用		
32. 臭味				
潜在排放/对土地的影响				
有害化学品				
33. 无机物（非金属）	√	发病率	80hm^2 灰池	在灰池中处理煤灰，可能会泄漏到海洋环境中
34. 金属	√	发病率、死亡率	80hm^2 灰池	可能会从煤灰中分离出一些金属

续表 3-3

影响因子	影响因子的确定	潜在影响	EIS 的排放数据	注释和说明
潜在排放/对土地的影响				
有害化学品				
35. 有机物	√			
36. 农药				
37. 酸/碱（pH值）				
38. 化肥				
39. 废品	√	发病率	220000 吨/年	内部垃圾处理
40. 酸沉降	√	资源利用	没有数据	二氧化碳和氮氧化物二级污染物；非直接排放
41. 盐渍化				
42. 土壤侵蚀	√	资源利用	面积 145hm^2，坡度 30°	45m 围墙控抑
43. 外来物				
44. 过度利用				
45. 土地利用	√	福利	面积 145hm^2，22hm^2 海滩受到影响	新码头、30m 长的桥、房屋设施和移民规划可部分控抑土地利用的影响

概括地说，Pagbilao 的环境影响报告书中所确认的最重要的环境影响主要有以下几个方面：

（1）人体健康和福利：由于颗粒物和臭氧造成的呼吸系统疾病和死亡率上升；美学/能见度影响、建筑和材料影响、资源利用影响、土地利用影响（如居民迁移以及生活条件的变化）等。

（2）环境资源：海洋环境的变化、对红树林地区的干扰、对植被和陆地生态系统的影响。

（3）全球气候：由于二氧化碳排放导致的气候变化。

根据前面讨论的筛选原则，我们可以评价环境影响报告书中所确定的影响以及表 3-3 中进一步确定的影响。

筛选 1：影响是否被控抑？

筛选 2：影响是否相对不重要？

筛选 3：影响是否不确定或过于敏感而不能保证评价的客观性？

筛选 4：能否完成影响的定期评价？

根据这种筛选分析的结果，可以决定需要对一种影响进行哪一类分析：

需要全面或局部经济价值评估（如果对筛选4回答“是”）；

需要定性评估（如果对筛选3回答“是”）；

不需要进一步分析（如果对筛选1或2回答“是”）。

表3-4展示了表3-3中确定的每一种影响因子的影响及其筛选结果（根据原理和数据），表3-5说明了筛选结果以及将要采取的行动，表3-6更充分地界定了那些需要进行全部或者局部价值评估的影响。

表3-4 Pagbilao电力项目确定的影响因子的潜在影响和筛选结果

影响因子	影响①	筛选结果②
对大气的潜在排放/影响因子		
有害化学品：无机物，金属	人体健康：提前发病、死亡率	健康影响可能很小（S2）：利用静电除尘器可控抑95%以上的颗粒物和有毒物，由于暴露途径有限，相对于其他大气污染物而言，健康风险较低（Asian Development Bank, 1996）
	环境资源：陆地生态系统	环境资源影响未知（S3）
气体：CO	人体健康：发病率提高	影响可能很小（S2）：尽管排放水平未给出，CO排放量应该很低（Asian Development Bank, 1996）
气体：SO_2	人体健康：发病率增加	影响很小（S2）：能达标，健康资料显示当周围环境大气水平低于标准时对发病率影响很小（Asian Development Bank, 1996）
气体：NO_x	人体健康：发病率增加	影响很小（S2）：能达标，健康资料显示对发病率影响很小（Asian Development Bank, 1996）
气体：氧化物（臭氧）	人体健康：死亡率和发病率增加	健康影响可以被定量和赋值（S4）：电厂运行后，周围地区的臭氧浓度未估计，但NO_x排放引起臭氧的增加。有证据表明，即使低于臭氧标准，仍有健康损害，这些影响可以被量化（Asian Development Bank, 1996）
	人类福利：材料损害、资源利用（农作物和森林损害）	福利影响可以被定量和赋值（S4）：氧化物可以损坏材料，包括橡胶和塑料。臭氧浓度升高能降低农作物和森林的产出（Asian Development Bank, 1996）
	环境资源：陆地生态系统	环境资源损害未知（S3）：尽管臭氧增加可能对陆地资源产生危害，但没有有关记载
气体：温室气体（CO_2）	全球气候变化	影响不确定，但能估计（S4）：可以根据美国的损害价值对全球气候变化进行估计，但其结果有很大的不确定性
由TSP、SO_2和NO_x产生的气溶胶/颗粒物（PM_{10}）	人体健康：发病率和死亡率增加	健康影响可以被定量和赋值（S4）：电厂建成后，估计大气中TSP、NO_x和SO_x的水平低于世界卫生组织（WHO）和菲律宾的标准。但在环境影响报告书中未估计气溶胶和PM_{10}的排放。有证据表明即使PM_{10}水平低于标准，仍有健康损害，这些影响可以确定（Asian Development Bank, 1996）

续表 3-4

影响因子	影响[①]	筛选结果[②]
由 TSP、SO_2 和 NO_x 产生的气溶胶/颗粒物（PM_{10}）	福利：美学、材料损害 环境资源：陆地生态系统	福利影响能被定量和赋值（S4）：精细颗粒能降低能见度，可根据美国的价值定量这些影响。但能见度在发展中国家可能没有价值（Markandaya，1994）。可对材料损害定量，但美国的价值估计值不能转换到发展中国家
颗粒物大于 PM_{10}（TSP）	人类福利：美学、材料腐蚀	影响可被控抑（S1）；采用静电除尘器可控抑这些损害
电磁辐射（EMR）	人体健康：发病率增加 人类福利：资源利用	影响不确定（S3）：对暴露于 EMR 的影响还没有确定的科学结论
噪声	人类福利	影响可被控抑（S1）：电厂外噪声低于背景值
对水的潜在排放和影响因子		
有害化学品：无机物，金属	人体健康：发病率，死亡率增加 环境资源：水生生态系统	影响可被控抑（S1）：通过污水处理和正确的工厂运行
废弃物	人体健康：发病率增加 环境资源：水生生态系统	影响可被控抑（S1）：通过污水处理系统的正当运行
酸沉降	人类福利：资源利用 环境资源：淡水生态系统	影响不确定（S3）：尽管有可能对敏感鱼类的影响很大，但环境影响评价报告书没有定量这些影响 影响不确定（S3）：尽管有可能对敏感湖泊和河流的影响很大，但环境影响评价报告书没有定量这些影响
水源改变/采水	人类福利：资源利用 环境资源：水生生态系统	影响不确定/很小（S3）：如果大量抽取河水，影响可能会很大，但环境影响评价报告书没有定量这些影响
温度变化	人类福利：资源利用 环境资源：海洋生态系统	影响不确定，但能定量（S3，S4）：尽管根据缓解成本可以进行域值分析，但环境影响评价报告书没有定量这些影响 影响不确定（S3）：环境影响评价报告书没有定量这些影响

续表 3-4

影响因子	影响[①]	筛选结果[②]
对土地的潜在排放和影响因子		
有害化学品无机物，金属	人体健康：发病率，死亡率增加 环境资源：地下水	影响可被控抑（S1）：灰池的良好建设、管理和监测将减少煤灰泄漏的影响
废物	人体健康：增加发病率	影响可被控抑（S1）：对家庭废物的适当处理可减少这些影响
酸沉降	人类福利：资源使用 环境资源：陆地生态系统	福利影响可能很小（S2）：低硫煤将减少酸沉降。除非周围有敏感地区，影响一般很小，环境影响评价报告书未定量这些影响 环境资源影响可能很小（S2）：除非周围有敏感地区，电厂的低浓度酸沉降将影响很小（NAPAP，1990）
侵蚀	人类福利：资源使用 环境资源：陆地生态系统	影响可被控抑（S1）：一个 45m 的保护墙将减少这些影响
土地使用：海岸破坏	环境资源：生物多样性	影响未知，但建议采用控抑措施（S1）：建议在该岛建立一个新的生物保护区保护海岸栖息地
土地使用：从农业用地转为工业用地	人类福利：社会/文化	影响未知，但建议采用控抑措施（S1）：提出一个对 180 个受影响家庭重新安置的计划。已经提出对农民重新培训

注：①列出了对人体健康、福利、环境资源和全球系统的影响。
②应用的筛选原则：S1：影响被控抑；S2：影响很小；S3：影响不确定或太敏感，不能定量；S4：影响可以定量和赋值。

表 3-5　Pagbilao 电力项目的筛选分析小结

需要完全或部分经济价值评估的影响（对 S4 回答“是”）： PM_{10}和臭氧对人体健康的影响； PM_{10}和臭氧对人类福利的影响（可见度和材料损害）； 温度变化对福利的影响； CO_2排放对全球气候变化的影响
需要定性评价的影响（对 S3 回答“是”）： （－）有害气体排放对环境资源的影响； （－）臭氧对环境资源的影响； （－）电磁辐射对健康和福利的影响； （－）酸沉降对人类福利和环境资源的影响； （－）温度变化对环境资源的影响； （－）水源改变对福利和环境资源的影响

续表 3-5

不必继续研究的影响：能充分控抑或不重要的影响（S1 或 S2 回答“是”）。 能充分控抑的影响： TSP 对福利的影响； 噪声对福利的影响； 水和土地中有害化学品对健康和环境资源的影响； 水和土地中的废物对健康和环境资源的影响； 侵蚀对福利和环境资源的影响； 土地使用改变对福利和环境资源的影响。 相对不重要的影响： 有害化学气体排放对健康的影响； CO 对健康的影响； SO_2 和 NO_x 对健康的影响； PM_{10} 对环境资源的影响； 酸沉降对福利和环境资源的影响

注：括号中的符号显示该影响是正（+）或负（-）。

表 3-6 需要全部或局部定量评估价值的影响定义

人体健康影响：精细颗粒和臭氧引起的发病率和死亡率增加 由 TSP、NO_x 和 SO_2 排放形成的精细颗粒： 健康研究目前注重于那些能被吸入肺部的气浮颗粒（称作 PM_{10}）。这些气溶胶是由化石燃料燃烧形成的，包括硫氧化物、氮氧化物，酸性气溶胶和其他化学成分。它们的影响包括婴儿死亡、慢性和急性呼吸系统疾病。 臭氧： 对流层臭氧是由挥发性有机物、NO_x 在阳光下反应生成。健康研究表明，臭氧对呼吸系统有刺激性。暴露于其中，常常使健康成人和儿童表现为咳嗽、呼吸系统充血、加剧气管炎症状并限制了成人的活动。也有婴儿死亡方面的证据
人类福利影响：废气排放降低了能见度并造成材料损害 能见度影响： 颗粒物（直径小于 2. 5μm）直接从电厂排出，或形成硫氧化物和氮氧化物颗粒，这些颗粒都能降低能见度。 建筑物和材料影响： 颗粒物和酸沉降物可能损害材料。损害包括脏污表面、表面腐蚀、起泡、褪色、使金属电子器件腐蚀和失去光泽、降低织物韧性、造成建筑物和纪念碑的风化
环境资源影响：电厂的热污染 由于 Pagbilao 电厂使用单循环的冷却系统，电厂排放水将改变当地的海洋环境（比如鱼的栖息地）。靠近热水流的区域敏感生物恢复将很缓慢，甚至不能恢复，从而可能改变群落结构。 CO_2 排放引起的全球气候变化影响： 该电厂排放的二氧化碳被认为对全球气候变化有潜在影响。全球气候变化的影响还未确定，但可能是灾难性的

2. 环境影响的价值评估

本部分介绍如何定量分析 Pagbilao 项目经筛选后留下的四种影响并评估其价值：空气污染对人体健康的影响，空气污染对人类福利的影响，水温变化对环境资源的影响，二氧化碳对全球气候变化的影响。

如果 Pagbilao 项目的环境影响报告书已经全面定量分析了该项目的环境影响（如已经计算了每类健康影响病例数目），就有可能直接评估这些影响的价值。但是，由于该环境影响报告书仅估计了污染物排放，因此在将影响货币化之前，有必要定量分析这些影响。为了对该项目应用成果参照法，进行下述调整，以便弥补定量分析数据的不足：①采用美国的一项关于电厂影响的最新研究成果，并开发出一种能够快速和大致评估健康和福利影响货币价值的方法。该方法被称为"排放单位价值法"，它采用的是项目排放及周围地区的人口数据。②该项目的环境影响报告书也没有定量分析水温变化对环境资源的影响。因此在评估这些影响的环境价值时，把控抑成本作为损害价值的估计范围。③由于全球气候变化是世界范围的，它是具有唯一性的影响类别。同时，由于气候变化的现象还没有发生，因此其影响具有很大的不确定性。与此同时，关于这方面的科学和政策争论尚未能解决同气候变化相关的关键问题。最近对美国气候变化损害估计的研究被外推到全球损害上。

除了本案例介绍的具体方法外，当影响的定量分析比较完善时，还可以采用一些一般性的成果参照技术。在前面我们已经介绍了利用成果参照法对环境影响赋予价值的经济概念和步骤。概括来说，包括：①文献调研；②价值调整；③计算单位时间的单位价值；④计算总贴现价值。

前两个步骤在每个相关影响中都有描述。由于对各种影响类型来说，估算单位时间的单位价值和总贴现价值的程序是相同的，所以后两个步骤在本节后面讨论。

（1）空气污染对人体健康和福利的影响。

根据电力和能源项目的健康、福利和环境损害的最新研究发现，空气污染影响可能构成了总损害的主要部分（Asian Development Bank，1996）。这里提供了三种评估（空气污染造成的）人体健康和福利影响价值的方法。如何选择适宜的方法，取决于可以从环境影响报告书中得到哪些有关影响的定量数据。例如，如果环境影响报告书中充分定量化了某一种污染物的影响，但却只有另一种污染物的排放水平数据，那么应该对第一种污染物采用下述的方法 1，而对第二种污染物采用方法 3。这些方法可以更好地应用有关影响的数据并获得对经济价值的最佳估计。

方法 1：支付意愿法。

当具有完备的定量化影响资料的时候（如由于项目排放造成的该区域的发病人数或者提前死亡的人数），应该采用支付意愿法。利用前面所介绍的成果参照法，支付意愿法为许多不同类型的疾病和提前死亡的死亡率赋予了经济价值。它是估算影响价值的最佳途径，并可以应用在任何有数据的情况下。其他的方法（特别是方法 3）只能对影响进行粗略的估计，并且只能应用在仅从环境影响报告书中获得部分数据的情况。

方法 2：剂量反应函数。

如果已经有项目的周围空气质量模拟模型结果，就可以利用这些函数。模拟模型的结果会显示污染物从烟囱排放出来并扩散造成工厂周围空气质量变化的情况。可以利用有关臭氧和 PM_{10} 的健康和福利影响的剂量 - 反应函数对影响定量化，然后可以使用方法 1 评估影响的价值。

方法 3：基于排放的单位价值。

当只能得到关于项目排放水平的数据时（如每标准立方米排放中有多少克 NO_x，或者每年有多少吨 SO_2），应当使用这种方法。这种基于排放的单位价值法提供了快速和非常接近货币化的可能。由于 Pagbilao 的环境影响报告书仅包含了排放数据，方法 3 被用于估算空气污染的健康和福利损害。

基于排放的单位价值方法采用“美元/吨”或“美元/吨排放/人”来估计空气污染影响货币损失的价值。

由于美元/吨排放/人的方法包括了三个主要因素（位置、排放水平和人口），该方法提供了更精确的估值，并在这里得到应用。在没有人口数据的情况下，可以使用美元/吨的方法。

如果要估算损害价值的大致范围，单位价值方法（即美元/吨排放/人）是很有用的。利用为纽约建立的方法和一个模型（Asian Development Bank，1996），通过评估同 Pagbilao 电力项目特征相似的燃煤电厂，建立了单位价值方法。原则上这些价值可以用于所有类型的热电厂，但是由于各个电厂的人口和地理条件与纽约不同，应该谨慎地借鉴使用这些价值。

一般来说，在使用美元/吨排放/人方法时需要具备如下数据：该项目排放的每种污染物的年空气污染物排放率；距该项目厂址三个不同距离内的人口数据：当地（厂址周围 30km 范围内）、区域（厂址周围 30～100km 范围内）、远距离（厂址周围 100～500km 范围内）。

其他数据也会有助于修正本方法的估计结果，包括项目厂址的气象数据以及周围空气质量数据等。采用该方法的唯一局限性是，空气污染物必须是从单一的高烟囱（高于 50m）固定点源排放出来的。

对当地、区域和远距离的美元/吨排放/人的价值分别在表 3-7、表 3-8 和表 3-9 中表示出来。影响因子（污染物）及其相应的影响也同时列在表中，以便能够量化单个污染物的价值。氮氧化物和二氧化硫排放物（一级污染物）的影响被划分给二级污染物（如 PM_{10} 和酸沉降），因为这些影响主要是由二级污染物而不是一级污染物造成的。

表 3-7　当地的美元/吨排放/人价值（30km 内）（1992 年的美元/1000 吨/人）

排放	婴儿死亡率	成人慢性病发病率	急性发病率	材料	能见度	总计
TSP/颗粒物 PM_{10}	0.12～0.18	0.04～0.06	0.02～0.03	0.01～0.015	0.01～0.015	0.2～0.3
SO_2 气溶胶/颗粒（PM_{10}）	0.02～0.04	0.006～0.012	0.004～0.008	0.004～0.008	0.002～0.004	0.04～0.08
酸沉降				0.004～0.008		
NO_x						0.006～0.008
臭氧	0.027～0.036					
气溶胶/颗粒(PM_{10})	0.015～0.020	0.006～0.008	0.003～0.004	0.006～0.008	0.003～0.004	

资料来源：Asian Development Bank，1996。

表 3-8 区域的美元/吨排放/人价值（30~100km 内）（1992 年的美元/1000 吨/人）

排放	婴儿死亡率	成人慢性病发病率	急性发病率	材料	能见度	总计
TSP/颗粒物 PM_{10}	0.06~0.18	0.03~0.06	0.01~0.03	0.001~0.015	0.005~0.015	0.1~0.3
SO_2	0.02~0.04					0.02~0.04
气溶胶/颗粒(PM_{10})	0.01~0.02	0.003~0.006	0.002~0.004	0.002~0.004	0.001~0.002	
酸沉降				0.002~0.004		
NO_x						0.006~0.008
臭氧	0.018~0.027					
气溶胶/颗粒(PM_{10})	0.01~0.015	0.004~0.006	0.002~0.003	0.004~0.006	0.02~0.003	

资料来源：Asian Development Bank，1996。

表 3-9 远距离的美元/吨排放/人价值（100~500km 内）（1992 年的美元/1000 吨/人）

排放	婴儿死亡率	成人慢性病发病率	急性发病率	材料	能见度	总计
TSP/颗粒物 PM_{10}	0.024~0.032	0.08~0.016	0.004~0.008	0.002~0.004	0.002~0.004	0.041~0.08
SO_2						0.01~0.02
气溶胶/颗粒(PM_{10})	0.05~0.001	0.015~0.003	0.001~0.002	0.001~0.002	0.001~0.002	
酸沉降				0.001~0.002		
NO_x						0.006~0.008
臭氧	0.045~0.009					
气溶胶/颗粒(PM_{10})	0.0025~0.005	0.001~0.002	0.005~0.001	0.001~0.002	0.0005~0.002	

资料来源：Asian Development Bank，1996。

比较表 3-7~表 3-9，可以看出美元/吨排放/人的价值随着距离的增加而下降，因为污染物的浓度是随着距离的增加而下降的。例如，就 PM_{10} 排放导致的婴儿死亡率而言，从当地的 0.12~0.18 美元，下降到区域的 0.06~0.18 美元以及远距离的 0.024~0.032 美元。但是，由于更远的地区包括了更大的面积和更多的人口，所以总损害要比仅考虑当地的情况大得多。通过加总当地、区域和远距离的价值，可以获得一个项目 PM_{10} 排放的总价值。

在估算不同距离内的人口时，如果掌握一些关于当地主导风向的数据是很有帮助的，因为处于工厂下风向的人群同其他地方的人相比，受空气污染排放的影响更大。进而可以根据主导风向调整影响价值。例如，Pagbilao 的主导风将在一年里有 3 个月把烟尘吹向远距离地区，而在其他月份则吹向海洋。因此，为了把风向的因素考虑在内，可以把远距离损害除以4。

下面，我们将介绍如何把美元/吨排放/人价值应用于一个具体项目：

①确定该项目颗粒（PM_{10}）、二氧化硫和氮氧化物的年排放吨数；

②确定工厂周边地区（当地、区域和远距离）的年度人口水平，对于那些人口快速增长的地区，可以根据该项目的寿命周期对人口水平进行平均，或者对每5年或10年的人口进行估算（这里用Pagbilao地区的人口平均增长率估算该项目的受影响人口）；

③把年排放吨数和该地区的人口乘以表3-7～表3-9中所示的各区域的高值和低值，其结果就是每个地区的年度总损害的范围；

④为了估算某项具体的健康和福利影响的价值（如由于精细颗粒导致的婴儿死亡率），利用表3-7～表3-9第二到第六栏中的美元/吨排放/人的价值数据；

⑤为估算该项目的总影响价值，就要把每一年或一个特定时间段内三个地区（当地、区域、远距离）的结果相加。

表3-10表示的是把这些美元/吨排放/人价值应用到Pagbilao项目时，得到的年度损害估计值。

表3-10 把美元/吨排放/人价值应用于Pagbilao电厂（1992年的1000美元）

污染物	排放率（吨/年）①	当地损害（Quezon省，200万人口）	区域损害（区域内的其他部分，1000万人口）	远距离地区损害（非律宾北部的其他地区②，3000万人口）	总损害
PM_{10}	1270	508～762	1270～3810	381～762	2159～5334
SO_2	12700	1016～2032	2540～5080	953～1905	4509～9017
NO_x	8450	1014～1352	3380～5070	634～1268	5028～7690
一年总量		2538～4148	7190～13960	1968～3935	11696～22041
寿命期总量③					350880～661230

注：①基于环境影响报告书中的平均排放率。Pagbilao电厂预计年发电4600GW·h。

②由于存在主导风向变化，仅考虑远距离地区损害的1/4。

③未对项目的30年寿命期贴现。

基于排放的单位价值方法的局限性

由于表3-7～表3-9中的单位价值是基于为纽约的电厂建立的模型，所得出的损害价值结果有下列局限性和不确定性：①该单位价值是根据纽约的地理、气象和资源条件得出的，相对于其他地区的实际损害价值，该价值可能过高或过低；②该单位价值是根据美国的收入和文化参数来确定健康影响价值的，对于发展中国家而言，这些价值是非常不同的，参考该单位价值计算出的价值可能高于或者低于实际价值；③该单位价值已经固定了由于污染物排放导致的纽约空气质量的变化及其气象条件之间的关系，如果掌握某一项目污染物排放导致的空气质量变化方面的信息，再通过使用健康价值评估方法评估其价值，其估算结果的准确性会大大提高。

（2）水温变化的影响。

从 Pagbilao 这样的热电厂排放出来的废水，基本上是干净的冷却水，只有很少的化学影响。但是冷却水携带的废热会对水体温度产生影响，并影响水生植物和动物。冷却水排放相关的潜在影响包括以下两方面：①为了适应水体温度的增高，水生植物和动物群落会发生重大变化。这些群体因此易受相反作用的影响：随着工厂的关闭，水温会急剧下降。②由于制冷系统的影响，水生有机物存在死亡风险。这会显著减少鱼类和贝壳类种群数量，其中某些物种可能具有很高的商业价值。

在理想状况下，要评估冷却水排放影响的价值，需要有接受水体渔业生产力（产量和生产）方面的数据。利用这些数据可以计算出在未建立电厂之前，渔业部门的净收益情况。从这点出发，还必须估算出由于废水影响，排放水质的单位变化造成的渔业生产力变化率（如下降），这项工作可以根据公布的影响数据，通过实验研究完成。进而可以把损害函数（在本案例中，是指由于水排放温度的单位变化导致的生产力变化）转化为经济价值。可以利用市场价格来为渔业生产的上述变化赋值（需要采用影子价格假设该市场数据没有过分失真）。

但是，Pagbilao 的环境影响报告书中没有任何关于工厂的热水流排放到海洋环境中造成影响的估计，而这些估计有助于建立损害函数。因此，就要采用替代方法（控抑成本比较）来估计损害。

Pagloilao 发电厂的最高温度为 37℃的热水流会覆盖周围 0.17hm^2 的海湾。在没有关于影响的定量信息的情况下估计损害价值，要求分析控抑成本，控抑成本是根据该项目的直接成本和与之相关联的环境成本的现值计算出来的（在本案例中，渔业生产损失成本是以收入损失的形式衡量的）。对几种不同的废水处理方案都计算了上述成本。

表 3-11 表示的是一个地热电厂项目的假设分析结果（Dixon，1986）。从表中可以明显看出，不是所有有关的环境成本都被定量化和货币化了。如果不包括环境成本的话，第四种方案（地热电厂的废水不经处理直接排放到受体河流中）可能会因为其直接成本最低而被选择（8100 万比索）。但是，如果对环境影响赋值（在可行的程度上）并加到直接成本中的话，就可以获得总运行成本。这时第一个方案就会成为费用效果最好的方案（1.38 亿比索）。

表 3-11　菲律宾一家地热电厂各种不同方案下的废水处理样本成本（100 万菲律宾比索）

备选方案	（a）直接成本	（b）环境成本	（c）总运行成本（a）+（b）	不可定量化的成本（没有采用另外的损害函数评价）
1. 重注入电厂地下	138	未知	138	能量损失
2. 未治理，在上游排放	120	渔业：56.00 稻谷：30.00	206	降低淡水鱼产量，影响家畜健康，减少用于洗衣、洗澡的清洁水等。对人体健康和海洋生态有潜在影响

续表 3-11

备选方案	(a) 直接成本	(b) 环境成本	(c) 总运行成本 (a)+(b)	不可定量化的成本 (没有采用另外的损害函数评价)
3. 对上游污水排放进行处理	359	未知	359	稻谷减产，以及同方案 2 类似的损害，但损失可能较小
4. 不处理向下游排放的污水	81	渔业：100.00	181	降低淡水鱼产量，影响家畜健康，减少用于洗衣、洗澡的清洁水等。对人体健康和海洋生态有潜在影响
5. 处理后向下游排放	359	未知	359	小于方案 4
6. 未处理，在电厂和城市附近的海洋排放	90	渔业：150.00 珊瑚礁：30.00	270	不可量化但很高，包括对周围的渔业和珊瑚礁的显著热影响
7. 未处理，在远离电厂和城市的海洋排放	100	渔业：100.00 珊瑚礁：80.00	280	不可量化但很高

资料来源：Dixon，1986。

从方案 4 转到方案 1，直接成本增加了 5700 万比索（1.38 亿减去 8100 万）。这些就是控抑（避免）同方案 4 相关的渔业影响的成本。如果不能直接估算与渔业相关的环境成本但是选择了方案 1，那么就可以推断出渔业影响的价值等于或大于该控抑成本。

把该方法应用于 Pagbilao 项目，需要有各种废水处理方案的成本信息以及对海洋环境影响的估计。为 Pagbilao 项目冷却系统设计的初级控抑方案（一次性或直接排放系统）是安装一个带冷却塔的封闭式冷却系统，使得水在流到海洋之前就降低其温度。该系统的净成本估计为 5000 万美元（Asian Development Bank，1996）。安装一个封闭式冷却系统的效益体现在保护了海洋环境，否则海洋环境将受到热水流的不利影响。同封闭式冷却系统相关的潜在损害包括：为了安装一个大型冷却塔而扩大了工厂占地，带来了土地利用影响以及冷却塔排放的蒸汽带来的审美和安全影响。表 3-12 汇总了这些结果。

这些结果显示，只有当热水流对渔业以及珊瑚礁造成的环境损害超过 5000 万美元时，封闭循环冷却系统才是经济合理的。Pagbilao 的环境影响报告书指出，受影响海域的捕鱼价值很低，并且计划在该岛的另一个地方建立保护区以保护生态系统。因此，热水流对捕鱼和海洋环境生态损害的价值不会超过 5000 万美元，为 Pagbilao 项目安装一个封闭冷系统不是一个费用有效的方案。因此，每年 0 ~ 5000 万美元可以代表 Pagbilao 项目同渔业损害相关的价值范围。

表 3-12 对 Pagbilao 电厂项目的热水排放应用控抑成本比较方法（1992 年的 100 万美元）

备选方案	净直接成本	环境成本	总可测成本	不可定量部分
单循环冷却系统	0	未知（对渔业和珊瑚礁的损害）		热水流影响到 $17hm^2$ 的海湾，认为可能杀死该区域所有的鱼和珊瑚，但该区域很少捕鱼，环境成本很小
封闭循环冷却系统	0	小（改变土地使用，能见度）	50	电厂内的冷却塔对环境影响很小，蒸汽影响能见度和雾，后果未知或很小

只有当关于损害的数据非常有限时，而且能够明确确定控抑措施及其成本的情况下，该方法才可以应用于其他的影响评价。该方法仅能提供一个阈值或价值范围，并且由于该价值是基于控抑成本，并不能衡量实际价值。因此，当同其他损害价值比较或联系的时候，应当明确指出估计的损害和效益出自控抑成本。

（3）全球气候变化影响。

全球气候变化是一个术语，一般用来描述由于人类活动导致大气中温室气体（如甲烷、二氧化碳、氮氧化物、氟氯烃等）浓度的增加而造成的地球气候变化。气候变化有很大的不确定性，包括变暖的速率（全球和区域），以及这些变化对社会和环境的影响等。

这里采用两个简单的步骤来估计电力和能源或其他燃烧矿物燃料的项目产生的二氧化碳对气候变化总损害的贡献份额。由于世界任何地方产生的温室气体的排放都会对气候变化产生影响，这里假设每个单位的碳排放都具有相同的作用。因此，所估计的全球损害是根据全球的碳排放平均得出的。

一般来说，必须谨慎地使用本研究得出的分析结果。由于这些结果是根据对美国的损害估计值外推得出的，所以它们对全球潜在损害仅具有指示性作用。在对全球损害的估计中，没有考虑收入、经济结构以及文化的差异。

计算气候变化的损害要求有年度燃料消费的数据以及项目的寿命期。具体计算步骤如下：

步骤 1：把项目的燃料消费转化为碳排放。

对 Pagbilao 项目而言，是根据该工厂每年消耗 175 万吨煤炭来估算其年度碳排放量。根据标准的碳排放的转换系数（25. 8kg 碳/GJ 煤炭），估计 Pagbilao 的电厂每年大约排放 114 万吨碳，并假设该排放速率在项目 30 年的寿命期中保持不变。

步骤 2：计算气候变化损害。

表 3-13 显示的是未来每 10 年中吨碳排放量的损害估计值，据此估算全球变化的损害。为计算寿命期内的损害，有必要把每个 10 年的损害分解为年度损害。假设 Pagbilao 项目于 1995 年开始运行，计算每一年的损害后加总，就得出总损害。例如，8. 64 美元乘以 114 万吨碳排放，得出该厂 2001 年对气候变化的损害。对于 2001 ~ 2010 年各年，其吨碳排放的损害价值介于 8. 64 ~ 19. 43 美元之间。

表 3-13　碳排放造成气候变化的年平均成本（1992 年的美元/吨碳排放）

年　份	年平均成本	年　份	年平均成本
1991 ~ 2000	7.85 ~ 17.66	2021 ~ 2030	8.89 ~ 20.00
2001 ~ 2010	8.64 ~ 19.43	2031 ~ 2040	8.72 ~ 19.63
2011 ~ 2020	8.90 ~ 20.30	2041 ~ 2050	8.53 ~ 19.20

资料来源：RCG/Hagler Bailly，Climate Change Worksheet。

把上述步骤应用于 Pagbilao 项目，得出的结论见表 3-14。估计 Pagloilao 项目的总损害在 2.9 亿 ~ 6.5 亿美元之间。

表 3-14　Pagbijao 项目造成的气候变化损害的估值（年碳排放量 = 114 万吨）

年　份	总损害（1992 年的亿美元）
1995 ~ 2000	0.5 ~ 1
2001 ~ 2010	1 ~ 2.25
2011 ~ 2020	1 ~ 2.25
2021 ~ 2025	0.4 ~ 0.9
寿命期总损害（未贴现）	2.9 ~ 6.5

3．价值评估结果及汇总图表

本部分总结了 Pagbilao 项目影响和价值评估的估算结果。表 3-15 汇总了对 Pagbilao 项目影响价值的估计结果。通过乘以表 3-7 ~ 表 3-9 中计算的 PM_{10}、二氧化硫、氮氧化物的年度损害，估算出精细颗粒、臭氧以及酸沉降的年度价值。同时，把每个地区的价值加总，得出年度总价值。例如，加总表 3-10 中 PM_{10}、二氧化硫（二级 PM_{10}）、氮氧化物（二级 PM_{10}）对婴儿死亡率的损害，计算出在当地精细颗粒造成的婴儿死亡率价值。通过同样的步骤可以计算出二氧化硫和氮氧化物以及全部婴儿死亡率的损害。把每个地区范围的价值加到一起，就可以得到价值范围（5817 ~ 11169 美元之间），参见表 3-15。

表 3-15　Pagbilao 电力项目的价值评估汇总（1992 年的美元，平均年发电量：46 亿 kW · h）

影　响	年价值[1]（千美元）	年价值［美元/（kW · h）］	调整的 GDP[2]值（千美元）
精细颗粒	9988 ~ 19215	0.002 ~ 0.004	1107 ~ 2131
婴儿死亡率	5817 ~ 11169		
成年慢性病发病率	1609 ~ 3188		
急性病发病率	917 ~ 1819		
材料污损	1061 ~ 1937		
能见度降低	584 ~ 1102		
臭氧	1609 ~ 1922		178 ~ 213
婴儿死亡率	1609 ~ 1922	0.0003 ~ 0.0004	

续表 3-15

影　　响	年价值①（千美元）	年价值［美元/（kW·h）］	调整的 GDP②值（千美元）
酸沉降 　材料损坏	450 ~ 901 450 ~ 901	0.0001 ~ 0.0002	50 ~ 100
全球气候变化	9700 ~ 21700	0.0021 ~ 0.0047	1075 ~ 2407
年度总价值	21747 ~ 43738	0.0047 ~ 0.0095	2410 ~ 4851
寿命期总价值（30 年，$r=0$）	652410 ~ 1312140		72300 ~ 145530

注：①基于表 3-10 美元/吨排放/人的估计值以及表 3-7 的损害百分比计算。

②根据用购买力估计的美国和菲律宾人均 GDP 调整（世界银行，1993）。

由于采用美国电厂的美元/吨排放/人价值的数据具有不确定性，这里对所有结果都列出了价值范围。最准确的做法是对价值给出一个高限和低限。表 3-14 给出的全球气候变化价值是根据表 3-13 计算出的 30 年项目寿命期总价值的平均值。由于水温变化的价值范围为零，所以这里的价值汇总没有包括水温影响的价值。

表 3-15 中包括了年价值一栏，是为了说明同其他电力和能源项目成本［美元/（kW·h）］类似的损害价值。用总价值除以 Pagbilao 项目的年发电量（46 亿 kW·h），就可以得到上述价值。由于 Pagbilao 电力项目的电力生产成本大约在 3 ~ 5 美分/（kW·h）之间，所以损害价值大约是总生产成本的 10% ~ 20%。

表 3-15 中的最后一栏是根据 GDP 调整的结果。由于单位价值是根据美国的情况研究得出的，因此在分析 Pagbilao 电力项目时，要根据菲律宾和美国人均 GDP 的相对购买力进行调整。

表 3-15 肯定了前述假设的正确性，即精细颗粒和臭氧相关的人体健康影响对结果是最关键的（尽管全球气候变化的影响很大，但其结果同其他影响相比具有更强的不确定性）。

表 3-16 总结了对 Pagbilao 电力项目价值评估的结果，并列出了关于如何获得年度价值的说明。

表 3-16　Pagbilao 电力项目的影响、定量化以及价值评估汇总（1992 年的 1000 美元）

影　　响	年数量	年价值（范围）	说　　明
精细颗粒 　婴儿死亡率 　成年慢性病发病率 　急性病发病率 　材料污损 　能见度降低	未计算	9988 ~ 19215 5817 ~ 11169 1609 ~ 3188 917 ~ 1819 1061 ~ 1937 584 ~ 1102	根据表 3-7 ~ 表 3-9 计算的 PM_{10}、SO_2 和 NO_x 的美元/吨排放/人价值。这些估计值是基于纽约的气象、地理和人口统计资料得出，因而可能高估或低估菲律宾的实际值
臭氧 　婴儿死亡率	未计算	1609 ~ 1922 1609 ~ 1922	根据表 3-7 ~ 表 3-9 计算的 NO_x 的美元/吨排放/人价值

续表 3-16

影　　响	年数量	年价值（范围）	说　　明
酸沉降 材料损失	未计算	450 ~ 901 450 ~ 901	根据表 3-7 ~ 表 3-9 计算的 SO_2 的美元/吨排放/人价值。这些值是纽约的情况，因而可能高估或低估实际值
全球气候变化	未计算	9700 ~ 21700	基于模型计算的损害的 30 年寿命期平均值，结果见表 3-13
海洋环境温度变化	未计算	0	边界分析估计总损害值小于控抑措施所需的 5000 万美元
总年价值	未计算	21747 ~ 43738	可能小于 Pagbilao 电厂总生产成本的 20%

4．把环境影响的经济价值纳入项目经济分析

本部分讨论评估环境影响经济价值的最后三个要素：计算单位时间的单位价值，计算总贴现价值和如何考虑遗漏、偏差和不确定性。

（1）计算单位时间的单位价值。

电力和能源项目的寿命期可能很长（30 ~ 70 年），影响损害价值评估的一些要素如排放速率和人口水平在项目寿命期内可能发生显著变化。为了掌握这些变化，考察项目寿命期内每年或至多每 5 年这些变量的状况是非常重要的。

在 Pagbilao 项目案例中，年平均排放率被认为在整个项目寿命期保持一定，且项目所在地的人口增长率相当于菲律宾的人口平均增长率。这些年平均值被用于计算下面的年度损害价值：

①对于健康和福利影响，用表 3-7、表 3-9 中基于排放的单位价乘以年平均排放率和人口水平。对于项目寿命期中任何一年的每种污染物，年度损害价值都保持不变（以 1992 年的美元计算）。

②对于水温的影响，使用控抑成本方法估算整个项目的损害价值范围（对 Pagbilao 项目是 0 美元），由于该方法仅能估算出损害成本的范围，对时间单位小的损害估值是没有意义的。

③全球气候变化损害是以年度为基础计算的（以 1992 年的美元计算）。

在计算同一时期的单位价值之后，必须把损害价值转化为同一货币单位以反映通货膨胀的影响。如果价值是以不同年份的美元单位表示（或者不同的货币形式），必须采用相应的国家物价指数把价值转化为同一年份（在 Pagbilao 项目的计算中，统一采用了 1992 年的美元计价）。对于以不同的货币表示的损害价值，可以采用 GDP 调整法，或者采用货币兑换率把损害价值转化为相同的货币单位。建议采用 GDP 调整法或购买力平价法来转化损害价值，因为同货币兑换率相比，购买力是一个更好的指标。把价值转换为同一货币单位后，就可以把每一种污染物（如 PM_{10}、臭氧）的健康和福利年度损害估值相加，得

出总的健康和福利损害价值。然后，可以再加上年度全球气候变化损害，计算出 Pagbilao 项目的总年度损害价值。由于对整个项目而言，热水损害的估值是一个价值范围，所以必须分别考虑，直到利用下面的方法计算总贴现价值。

（2）计算总贴现价值。

在计算了每种污染物或损害类别的单位时间的总单位价值之后，可以把这些价值综合起来，计算项目寿命期的总损害价值。然后，可以对总损害价值贴现，得到环境成本的现值。

（3）考察省略、偏差和不确定性。

同任何环境影响的经济价值评估类似，表 3-15 和表 3-16 中并没有完全反映 Pagbilao 项目的全部成本和效益。同时，所包括的许多影响具有不确定性和潜在的偏差。表 3-16 显示的是没有被定量化的影响或者是出于其他原因在分析中省略的影响。某些价值被省略是因为缺少数据。某些价值虽然被计算了，但却有偏差或不确定性。例如，在计算空气污染物的发病率和死亡率时就有很大的不确定性；而评估材料损害的价值的不确定性则更大。表 3-17 表明了对该项目进行经济评估时，这些省略、偏差和不确定性的可能影响。

表 3-17 Pagbilao 电力项目经济分析中的省略、偏差和不确定性及其影响

影响/行为	对净效益的可能影响	说　明
有害化学气体排放对人体健康的影响	–	可能存在损害，但排放水平低，损害很小
臭氧对环境资源的影响	–/U	可能存在损害，但未知或很小
水和土壤酸沉降对人类福利和环境资源的损害	–/U	可能存在损害，但未知或很小
有害气体排放对环境资源的影响	U	科学证据不足
CO 对人体健康的影响	–	可能存在损害，但由于环境中 CO 浓度远低于能够造成影响的阈值，所以影响很小
电磁辐射对人体健康和环境资源的影响	U	没有结论性的科学证据
排到水和土地中的有害化学品对人体健康和环境资源的影响	–/U	可能存在损害，但排放和暴露水平很低
评价中海洋环境的热变化取值为 0 美元	——	损害可能很大，但没有该电厂的定量资料。边界分析表明控制技术可能不是费用有效的

续表 3-17

影响/行为	对净效益的可能影响	说明
水源改变对环境资源的影响	——	如果大量抽取河水，损害可能很大
TSP 和噪声对福利的影响	-	（控抑后的）残余水平损害可能很小
排到水和土地中的废物对人体健康和环境资源的影响	-	残余水平的损害很小，但有可能发生意外泄漏
侵蚀对福利和环境资源的影响	-	不采取控抑措施损害也很小
SO_2 和 NO_x 对健康的影响	-	如果能达标，损害就很小
PM_{10}对环境资源的影响	-	损害很小
土地使用改变	U	损害可能很大，一些影响可控抑，其余影响在寿命期不确定或很小
单位价值法的应用	+/-	单位价值是基于纽约的电厂，用于估计发展中国家电厂可能不很准确。单位价值采用美元表示，没有对 GDP 和发展中国家的经济价值进行调整
GDP 调整	+/-	仅用于价值评估结果。没有反映美国和发展中国家的文化和其他差异

注：对净效益影响的方向和程度：+为可能增加效益；-为可能减少效益；——为可能显著减少净效益；U 为不确定，或+或-。

这些省略、偏差和不确定性表明，由于缺乏影响水平和影响的经济价值的数据，采用美元/吨排放/人单位价值法估算 Pagbilao 项目的影响价值可能低估了实际损害。所估计影响的价值范围之大说明了这种不确定性，在该项目后面的经济评价中要把所有的价值范围都考虑进去。

对 Pagbilao 项目的环境影响经济价值评估表明，在该电厂 30 年的寿命期内，每年的损害价值大约在 2200 万~4400 万美元之间。同时，由于在经济价值评估中存在省略、偏差和不确定性等问题，该价值可能低估了实际损害。

如何把这一结果同 Pagbilao 项目 8.5 亿美元的建设费用和 2.3 亿美元的年度运行费用［假设生产成本为 5 美分/（kW·h）］相比较？很明显，对环境成本估计价值范围大说明有很大的不确定性，而电力项目的资本和运行成本同环境成本相比，则具有非常强的确定性。因此，在环境评价过程中有很多的不确定性，包括以下内容：

①影响是根据每种可能的情况来估计，不可能确切地知道如果有电厂或没有电厂，电厂所在地未来分别会是什么状况，预测未来的状况是所有环境分析中最大的不确定性；

②成果参照法不能充分考虑美国和亚洲之间的许多重大差异，比如天气条件、地理状况以及文化价值。

在项目的经济分析中，有必要把环境成本加到同电厂的建设和运行相关的直接资本和运行成本中。在本案例中，环境成本很明显地增加了该项目的总社会成本。因此，我们必须在明确环境成本不确定性水平的基础上比较效益和总社会成本（资本、运行成本加上环境成本）。这一点通过报告的环境成本价值范围表现出来，环境成本价值应该被用于随后的分析中。例如，采用该范围的平均值（Pagbilao 项目是 9.8 亿美元）不仅不能向分析专家提示不确定性的存在，并且有可能扭曲后面的费用－效益分析。①

3.6.2　案例二：工业项目环境影响经济评价

本案例讨论工业项目环境影响的价值评估问题，引自亚洲开发银行《环境影响经济评价工作手册》（Asian Development Bank. 1996. Economic Evaluation of Environmental Impacts：a Workbook. Manila：Asian Development Bank）。

本案例要评估中国云南省思茅地区（现为普洱市——作者注）的森林开发和纸浆厂待建项目（以下简称云南项目）。该项目由两个子项目组成。

森林开发子项目：该子项目包括一个为期 7 年植树（思茅松林）约 15000hm^2 的造林计划。这一计划将用择伐过程取代一个低产系统，在砍伐量一定的情况下，该系统因为单位面积生物量产出较低，因此需要较多的土地。用择伐代替低产林地，可以增加纸浆厂的原材料供应。收获量预计可由每年 560000m^3 生物量提高到 827000m^3 生物量。

纸浆厂子项目：在这一子项可中，将在南景村建设一个现代化的纸浆厂。该纸浆厂预计年生产漂白软木牛皮纸浆 50000 吨（干重），其设计也符合漂白牛皮纸浆厂的现代环境标准。

中国已经同意，一旦新工厂投入运行，立刻关闭云南省两个老的化学纸浆厂。由于这一举动将大大减少该地区总的环境影响，所以两个老纸浆厂也包括在对该项目的评价中。同时假设，如果不建造新工厂，老工厂仍会继续生产。

建立评价的基准水平很重要（即在没有新建项目的情况下，老工厂影响状况如何）。例如，如果不论云南项目是否进行，在项目分析阶段就关闭这些老工厂，那么在环境评价中就不包括老工厂，因为它们的关闭独立于新建项目。所以其关闭所产生的任何环境效益就与云南项目无关，也不能包括在项目分析中。

1. 案例的适用性

云南项目环境影响评价中确定的环境影响，一般属于典型的纸浆和造纸工业项目的影响。云南项目的潜在影响与大多数工业项目相同。例如，很多工业项目因为使用和处理二噁英（dioxin）这样的有害物质，产生了重要的人体健康和环境资源影响。另外，一些重要影响包括土地使用方式的转变（如工厂选址，矿石开采、废弃物填埋），以及大气和水污染（如排放到空气中的颗粒物，向水体的热排放）。因为云南项目的许多潜在影响不能定量评价，项目分析人员可能需要借鉴其他指南来评估这些影响的价值。

2. 影响的确定和筛选

评估环境价值首先要做两个工作：①确定并列出一个项目所有的潜在环境影响因子和影响；②筛选并决定最重要的影响。

---

① 需要说明的是，环境成本的价值范围并不一定都像 Pagbilao 项目这样大。如果可以得到更详细的有关环境分析的数据，如影响的数量（健康影响的数目）或空气质量模型的结果，这一范围可能会小得多。

使用工业项目相关的影响因子和环境影响评价信息，确定出云南项目的潜在影响（人体健康、人类福利、环境资源影响）。简要地说，这些影响是：

（1）人体健康：

①新建工厂增加的和关闭的老工厂减少的有害及常规大气污染物（如 PM_{10}、二氧化硫、氮氧化物）对发病率和死亡率影响。

②新建工厂增加的和关闭的老工厂减少的排放到水体的有害物质导致的发病率和死亡率变化。

③固体废弃物填埋导致的间接发病率和死亡率（污染物淋溶到附近的土壤和地下水中，进而通过多种途径影响人体，如通过饮水以及通过呼吸空气悬浮污染物影响人体）。

（2）人类福利：

①新建工厂增加的和关闭的老工厂减少的排放到水体的常规污染物（如生物需氧量、化学需氧量）对人类福利的影响。

②纸浆厂造成的气味、噪音和视觉影响。

③二氧化硫排放造成的材料损坏和能见度下降。

（3）人类福利/环境资源：

①渭元河低水平溶解氧以及关闭老工厂提高溶解氧水平对渔业的影响。

②水源改变对河流的影响。

③填埋渗漏导致接触有害物质。

④土壤侵蚀引致水体泥沙淤积。

⑤土壤侵蚀引起土壤肥力损失和渗水性能下降，土壤营养流失导致森林生产力下降。

⑥由于林业活动改变、大规模的人类干扰、工厂、填埋场布局引起的栖息地改变。

⑦因为种植思茅松引起的物种单一性疾病。

最后一类影响（人类福利/环境资源）包括了对生态系统的影响。由于涉及人们使用的自然资源，对生态系统的冲击可能会间接影响人类福利。例如，森林栖息地的改变可能对依靠森林食物和药用植物的居民产生不利影响。对渭元河渔业资源的损害也会影响渔业捕捞率。

利用筛选原则，可评价环境影响和本案例确定的其他影响。这些原则是：

筛选 1：该影响是内部的或是可控抑的？

筛选 2：该影响是否相对不重要？

筛选 3：该影响是否过于不确定或太敏感而不能保证客观评价？

筛选 4：能否完成定量评价？

筛选分析的结果表明，对某一影响可采取如下三种做法之一：全部或部分评估影响的经济价值（对筛选 4 回答“是”）；定性评价影响（对筛选 3 回答“是”）；不必进一步分析（对筛选 1 或 2 回答“是”）。

表 3-18 列出了云南项目环境影响评价确定的每一个影响因子的潜在影响和筛选结果。

表 3-18 环境影响评价（EIA）确定的每一影响因子的潜在影响和筛选结果（云南思茅森林和纸浆厂项目）

影响因子	影响[①]	筛选结果[②]
对空气的潜在排放/影响因子		
有害化学物质：氯气（Cl_2）、二氧化氯（ClO_2）、硫化氢（H_2S）	人体健康：婴儿发病率，死亡率	影响可能最小化（S2）：可获得的最佳控制措施使偶然暴露于 Cl_2、ClO_2 的可能性很小，不会导致急性影响。长期暴露于低剂量下也无健康影响；H_2S 排放水平低于产生健康影响的标准
常规化学污染物：总悬浮颗粒（PM_{10}）、总还原硫（TRS）、二氧化硫（SO_2）、氮氧化物（NO_x）	人体健康：发病率死亡率上升	健康影响可被定量和赋值（S4）：在大多数情况下，尽管常规污染物的排放符合中国（和德国）短期地表空气质量标准，但新建工厂和将关闭的工厂的 PM_{10}、SO_2、NO_x 排放量的增减可能对健康产生影响
	人类福利：能见度下降，材料损害，资源利用	福利影响可被定量和赋值（S4）：新建工厂增加空气中的 PM_{10}、SO_2、NO_x 可能使目前的环境条件进一步恶化，如建筑物损害，下风向森林和农作物产量下降，而其他地方的环境质量将会因老工厂关闭而得以改善
	环境资源：酸雨	资源环境影响未知（S3）：新建工厂和即将关闭工厂的酸沉降影响未知
颗粒物（$>PM_{10}$）	人体健康：发病率、死亡率上升	影响未知（S3）：大的灰尘颗粒会刺激眼睛和咽喉，并被吸入体内，但影响程度未知
噪音	福利	影响可能最小化（S2）：控抑措施可使对附近居民的噪音影响减至 55dB（白天）或 45dB（夜间），这一水平满足中国城市标准。职工可配置防护措施
气味（H_2S）	福利	影响可最小化（S2）：环境影响及评价证明工厂周围的异味低于人的嗅觉水平
对水体的潜在排放/影响因子		
有害排放物：可吸收的有机卤素（AOX）	人体健康：发病率、死亡率上升	新建工厂的健康影响可最小化（S2），待关闭工厂的健康影响是可评价的（S4）：AOX 排放符合中国和国际标准，电化氟化法漂白过程会产生少量的重氯物（$<10g/ADT$）及少量不可测量的二噁英（dioxin）及氧戊（furans），生物措施会降解 80% ~90% 的沉积物。在最小稀释条件下，少量重有机物的浓度也会少于 0.005g/L。这一水平无剧毒影响作用。可获得的最佳自动控制措施能控抑偶然泄漏造成的影响。老工厂的关闭将减少 AOX 的排放

续表 3-18

影响因子	影响①	筛选结果②
有害排放物：可吸收的有机卤素（AOX）	环境资源：致命和次致命影响	新建工厂对环境资源的影响可最小化（S2），将关闭工厂的影响未知（S3）：用 LC50 测量新建工厂的未稀释污水，未发现剧毒；假定河水稀释浓度为 LC50 标准的 20 倍，在最初混合带以外也没有次致命影响。EIA 未包含关于待关闭工厂的环境资源影响信息
常规污染物排放： BOD COD 颜色 钠 氯 颗粒物/沉积物	人类福利：嗅觉，颜色，鱼类感染	人类福利影响可最小化（S2）：排放水平满足中国和国际该类工厂的排放标准。水体颜色变化在可察觉水平之下。污水中硫的复合物、脂酸、有机氯化物等浓度控制在最小可能水平，所以在河流最初混合带之外，鱼类感染几乎是不可能的。同时采取了可获得的最佳控制措施防止偶然性泄漏
	福利和环境资源：溶解氧浓度的改变对渔业的影响	福利/环境影响可定量评估（S4）：新建工厂的污染物排放将导致溶解氧浓度降至 $4mgO_2/L$，关闭老工厂会提高溶解氧浓度。由于国界远在影响范围之外，无越境影响发生
河水分流	环境资源：河流水量减少	无影响（S1）：引水量为最小流量（$7.75m^3/s$）的 1.4% ~1.8%，绝大部分引水经净化处理后返回河流，故引水不会产生影响
对土地的潜在排放/影响因子		
废弃物填埋（有毒有害物的淋溶可能包含重金属）	人体健康：发病率、死亡率上升	健康影响未知（S3）：固体废弃物可能包含有害的重金属污染物。控抑措施包括使用炉灰建路、用废物制砖和水泥以减少废物负荷、建造填埋场以使对土壤和水体的污染最小化
	环境资源：暴露于有害物	环境资源影响未知（S3）：固体废弃物中的潜在污染物对陆地生态系统可能是有害的
土壤侵蚀	环境资源和潜在人类福利（资源使用）：水域泥沙淤积	影响不确定（S3）：目前思茅已砍伐森林总的侵蚀率很低，初步估计低于 10 吨/hm^2/年，低于热带土壤的可接受水平（13.5 吨/hm^2/年）。估计渭元河的泥沙淤积会上升 2%；控抑措施包括采用可减少侵蚀的稀植系统，在 >41% 的斜坡上造林并减少商业采伐量
	环境资源和潜在人类福利影响（资源利用）：土壤肥力损失和地表水富营养化	影响未知（S3）：评估肥力损失的数据不够充分，择伐和再造林可减少肥力损失

续表 3-18

影响因子	影响[①]	筛选结果[②]
土壤侵蚀	环境资源：渗水性能下降	无显著影响（S1）：皆伐松林的数据表明土壤渗水性能不会受到影响；类似的择伐数据未能获得，但可能比皆伐地区影响更小
土地使用：人类干扰	环境资源：栖息地破坏	影响未知（S3）：伐木道路会增加进入林区的人口，这些人进入林区是为了采集薪柴和狩猎，因此会加大对栖息地的干扰。由于没有相关的基准数据，无法评价这种干扰对生物多样性的影响。控抑措施包括建立自然保护区
土地使用：采伐思茅松林	环境资源：栖息地破坏	影响未知（S3）：伐木区域的扩大将影响更多的栖息地；由于缺少可靠的基准数据，使评价无法进行。控抑措施包括建立自然保护区、总采伐量保持在最大可持续采伐水平之下
土地利用：思茅松林的种植，建造纸厂，填埋	福利：视觉美感变化	福利影响未知（S3）：景观会控抑造纸厂的视觉影响，但烟囱和废气排放仍是可见的
	环境资源和潜在人类福利影响（资源使用）：物种单一性疾病	环境资源影响未知（S3）：可采取的控抑措施是种植 10% ~15% 的其他植物，以提高生物多样性和防止病虫害
	环境资源：由于替代农业导致栖息地改变	环境资源影响未知（S3）：因为造林会改变栖息地，只能在退化林地、灌木林地、政府想退耕还林的土地上造林；不包括永久性耕地
	环境资源和潜在人类福利影响（资源使用），薪柴采集压力减少致使栖息地改变	环境资源影响未知（S3）：95% 的居民以薪柴为燃料，思茅松林采获量的增加和择伐会提高薪柴的可采集量，还可以减少采集行为对森林的压力

注：①包括对人体健康、人类福利、环境资源、全球系统的影响。

②使用的筛选原则是：S1：影响是内生的或可控抑的；S2：影响相对不重要；S3：影响不确定或太敏感，不能保证评价的客观性；S4：影响能够被定量和赋值。

3. 云南思茅森林开发和纸浆厂项目的筛选分析概要

（1）可全部或部分评估其经济价值的影响（符合 S4）：

常规大气污染物（TSP、SO_2、NO_x）对人体健康和福利的影响（包括新建和待关闭工厂）；

待关闭工厂排放到水体中的 AOX 对人体健康的影响；

常规水污势物对环境资源的影响：低溶解氧对渔业的影响（包括新建和待关闭工厂）。

（2）需要定性评价的影响（符合 S3）（“+”和“-”表示潜在的正面和负面影响，

“+/-”表示潜在影响可能是正也可能是负）：

（-）常规大气污染物对环境资源的影响；

（-）建筑灰尘（颗粒物）对人体健康的影响；

（+）待关闭工厂的 AOX 排放对环境资源的影响；

（-）废物填埋对人体健康和环境资源的影响；

（-）土壤侵蚀造成的环境资源影响：水体泥沙淤积、肥力损失、水富营养化；

（-）人类干扰、思茅松林采伐对环境资源的影响：栖息地改变；

（-）工厂对人类福利的影响：视觉美感降低；

（+/-）思茅松林种植、建厂、废物填埋对环境资源的影响：物种单一性疾病、薪柴采集压力减轻导致栖息地变化

（3）不必进一步分析的影响：包括影响可完全控抑或相对不重要（符合 S1 或 S2）。

①可完全控抑的影响：

水的分流对环境资源的影响；

土壤侵蚀引起土壤渗水性能的改变对环境资源的影响；

②可能相对不重要的影响：

废气排放对人体健康的影响；

噪音对人类福利的影响；

异味对人类福利的影响；

新建工厂排放的 AOX 对人体健康的影响；

新建工厂排放约 AOX 对环境资源的影响；

常规水污染物排放对人类福利的影响。

（4）对可全部或部分量化和赋值的影响的说明：

①人体健康影响：常规污染物排放导致发病率和死亡率上升。

PM_{10}、NO_x、SO_2排放形成的精细颗粒物：健康研究目前集中在可被吸入肺部的大气悬浮微粒（被称为PM_{10}）造成的影响。矿物燃料燃烧产生的PM_{10}气溶胶包括硫和氮气溶胶、酸性气溶胶等，它的危害包括新生婴儿死亡和慢性、急性呼吸道疾病。

②人类福利影响：TSP、SO_2、NO_x的大气排放导致能见度下降和材料损害。

能见度影响：纸浆厂直接排放的颗粒物（直径小于 2.5mm）或由SO_2、NO_x二次形成的颗粒物会降低能见度。

建筑和材料影响：二氧化硫排放所形成的颗粒物和酸性沉降会损坏材料。材料损害包括表面污浊、表面侵蚀、发泡、油漆脱包、金属和电子元件腐蚀、失去光泽、褪色、纤维弹性下降、建筑和纪念碑剥裂等。

③人体健康影响：可吸收的有机卤素（AOX）等有害物排放到水中，导致发病率和死亡率上升。

AOX 中的二噁英（dioxin）和相关复合物：二噁英（dioxin）和相关复合物可在生物体内累积并永久存在。人们通常通过食物链（如鱼类）接触这类可能致癌的污染物。生育力和免疫能力的降低是与高浓度污染相关的另一类风险。

④低溶解氧对渔业的影响进而导致对人类福利（或环境资源）影响：

捕捞率下降：工厂下游低溶解氧浓度可能减少鱼的种群数量。这里无法估计由于鱼种

群减少而带来的非使用价值的改变，但是鱼的种群小会降低捕捞率，本案例评价了这些影响。

4. 环境影响的价值评估

云南项目经筛选后，所余四种影响的价值评估：空气污染对人体健康的影响（包括新建和现存工厂）；空气污染对人类福利的影响（包括新建和现存工厂）；水污染对人体健康的影响（现存工厂）；BOD、COD 的排放对人类福利或环境资源的影响（包括新建和现存工厂）。

如果云南项目的环境影响评价已经量化了项目的所有环境影响（如确切计算每一类健康影响的病例数），就可以直接估算环境影响的价值。然而，由于该项目的环境影响评价只估计了污染物排放量，所以在将影响货币化之前，必须先量化影响。当评估项目环境影响的价值时，分析专家应尽量收集与项目地点相关的数据。这一过程不需太耗资或耗时。

表 3-19 列出了经筛选后四种影响的年度数量。表 3-20 列出了单位价值，该值乘以数量即得出每年的环境影响价值，下面说明定量和评估这些影响的步骤。

表 3-19　云南思茅项目的影响定量化

可定量评价的影响	新建工厂	两个现存工厂
TSP 排放对人体健康的影响	45 吨/年	55 吨/年
SO_2 排放对人体健康的影响	481 吨/年	584 吨/年
NO_x 排放对人体健康的影响	163 吨/年	198 吨/年
AOX 排放对人体健康的影响	0	0 ~ 0.1 例癌症/年
BOD、COD 排放对渔业的影响	0 ~ 177kg/年（捕捞量下降）	0 ~ 8850kg/年（捕捞量下降）

表 3-20　云南思茅项目环境影响的单位价值

影　　响	原单位价值	调整后的单位价值	备　　注
人体健康影响：TSP（PM_{10}）	2700 ~ 4500 美元/吨	44.82 ~ 74.70 美元/吨	原单位价值见表 3-21
人体健康影响：SO_2	563 ~ 975 美元/吨	9.34 ~ 16.19 美元/吨	原单位价值见表 3-21
人体健康影响：NO_x	850 ~ 1700 美元/吨	14.11 ~ 28.22 美元/吨	原单位价值见表 3-21
人类福利影响：TSP（PM_{10}）	300 ~ 500 美元/吨	4.98 ~ 8.30 美元/吨	原单位价值见表 3-21
人类福利影响：SO_2	188 ~ 325 美元/吨	3.11 ~ 5.40 美元/吨	原单位价值见表 3-21
人类福利影响：NO_x	150 ~ 300 美元/吨	2.49 ~ 4.98 美元/吨	原单位价值见表 3-21
人体健康影响：AOX	每例 170 万美元（致死和非致死癌症病例的加权统计平均值）	每例 29659 美元	人均 GNP 修正值 = 0.0166 × 1.051
BOD、COD 排放对渔业的影响	3.94 元/kg	1.07 美元/kg	云南省城镇鱼虾的价格使用市场统计数据，汇率使用 5.5 元/美元，同时使用通货膨胀率进行了调整

（1）TSP、SO_2、NO_x等大气污染物对人体健康和福利的影响。

新建工厂的气体排放会损害周围地区居民的健康和福利，而关闭两个现存工厂会提高当地大气质量，下面定量分析了这些变化并对其赋值。

①定量化。

该项目的环境影响评价（EIA）提供了大气污染物排放水平的数据，但未将这些排放造成的健康或福利影响定量化。也没有提供根据周围大气质量变化直接估计健康影响的必要数据（如工厂周围地区 PM_{10}、SO_2、NO_x浓度的提高，暴露人口的数量等），甚至也没有提供充分的人口信息，所以无法使用美元/吨排放/人的单位价值评估方法。结果，使用了美元/吨的替代方法，只是基于年排放量的估计大致估算健康和福利影响。由于这一方法增加了价值评估的不确定性，所以不如“美元/吨排放/人”方法可靠。当人均数据可以获得时，不应使用这一方法。

根据 EIA 报告的排放水平，云南项目的 TSP、SO_2、NO_x估计排放量分别为 45 吨、481 吨、163 吨。因为新建工厂的污染控制技术将去除大部分大颗粒物，所以 TSP 主要由 PM_{10}构成。估计 TSP 排放量与 PM_{10}排放量相近，尽管这样会过高估计 PM_{10}的排放量，但可避免假设 PM_{10}在 TSP 中的比例而带来不确定性。

两个现存在工厂的废气排放量未知，根据类似老工厂的数据（年生产能力 10000 干重吨/年和每吨排污量），EIA 中假设 SO_2排放量为 2100kg/天。假设每年有 278 个工作日，那么年均排放量为 584 吨。EIA 中未能提供 TSP、NO_x的估计值，所以假设它们的排放量与新建工厂相似。由此估计 TSP 年排放量为 55 吨，NO_x为 198 吨。

②价值评估。

表 3-21 列出了每吨颗粒物、SO_2和 NO_x对各种健康和福利影响的价值范围，同时体现了排污影响的敏感范围。例如，价值高限可能代表高密度人口地区或大气循环差的地区的损害，在这些地区排放对大气质量变化有较大影响。EIA 中没有提供足够的信息来决定该项目适于高值还是低值，所以列出了整个范围。

表 3-21 颗粒物、SO_2和 NO_x排放的美元/吨价值

（根据 1992 年美元价值调整，单位：美元）

排放物	人体健康				人类福利		
	婴儿死亡率	成人慢性呼吸道疾病	急性病发病率	总健康价值	材料损害	能见度	总福利价值
微粒（PM_{10}）	1800～3000	600～1000	300～500	2700～4500	150～250	150～250	300～500
SO_2 二级 PM_{10} 酸沉降	375～650	113～195	75～130	563～975	75～130	38～65	188～325
NO_x 二级 PM_{10}臭氧	250～500 450～900	100～200	50～100	850～1700	100～200	50～100	150～300

由于表 3-21 中的价值反映的是美国的收入水平，必须根据中国的收入水平进行调整。

调整方法是乘以中国人均 GNP（370 美元）与美国人均 GNP（22240 美元）的比率，即 0.0166。

EIA 中没有说明云南省渔业生产是否会受到酸沉降的损害，酸沉降造成的渔业损害大约为 37.50 ~65.00 美元/吨（未调整的美元），但这一损害可能并不适用于云南项目，故未计入该项目的评估中。事实上，酸沉降造成的损害在亚洲是一个关注的焦点，尤其是在土壤易酸化的地区。云南项目所在的中国南部地区，其土壤的“酸缓解能力低”，对酸沉降极为敏感。亚洲酸沉降的监测和建模工作尚在进行中，但目前对纸浆厂排污造成的损害仍知之甚少。

像酸沉降和河流污染这样的项目影响，有时会扩展到其他国家，这种情况被称作为国际或跨国界外部性，是环境影响评价中的重要组成部分。项目影响的筛选分析显示，澗元河的污染物不会影响到下游的老挝人民民主共和国，筛选分析显示酸沉降对环境资源的影响未知。因此，跨国界环境影响未包括在该项目的经济评价中。

用年排放率（见表 3-19）乘以调整后的单位价值（见表 3-20），就可以得到总的健康和福利影响价值。表 3-22 列出了新建工厂和两个现存工厂的每一污染物的年影响价值。例如，新建工厂的 PM_{10} 排放造成人体健康影响的价值范围为 2017 ~ 3362 美元，等于调整后的价值范围 44.82 ~74.70 美元/吨乘以估计的年 45 吨排放量。

表 3-22　基于美元/吨价值估算的新建和现存工厂的健康福利年影响价值

（据 1992 年美元价值调整，单位：美元）

排放物	总人体健康影响价值（低值 ~ 高值）	总福利价值（低值 ~ 高值）
	新建工厂	
精细颗粒（PM_{10}）	2017 ~ 3362	224 ~ 374
二氧化硫	4493 ~ 7787	1496 ~ 2597
氮氧化物	2300 ~ 4600	406 ~ 812
	现存工厂	
精细颗粒（PM_{10}）	2465 ~ 4109	274 ~ 457
二氧化硫	5455 ~ 9455	1816 ~ 3154
氮氧化物	2794 ~ 5588	493 ~ 986

（2）可吸收的有机卤素（AOX）对人体健康的影响。

新建工厂 AOX 的排放量符合中国和国际漂白纸浆厂排放标准，工厂排放的会对人体健康产生影响的小分子重氯物质也少于 10g/吨（干重）。污水中不会含有剧毒的多氯物。可见，新建工厂不会产生 AOX 影响。实际上，现存工厂 AOX 的排放量更大，并可能含有多氯物。如果关闭这两家工厂，会有益于人体健康。

①定量化。

EIA 估计两个现存工厂每天排放 AOX 0.10 ~0.15 吨，大约为每年 27.8 ~41.7 吨。然而，目前没有办法根据 AOX 的测量值来确定 AOX 对健康的影响，因为那是对所有氮化物的总体测量。有毒有害物质对健康的影响依赖于各种因素，包括大气、水，沉积物浓度；

暴露途径（如饮水、吃鱼）；暴露水平；时间。EIA 未将健康影响定量，也未提供足够的信息对 AOX 的影响进行风险评价。

这里假设现存工厂关闭后，受影响人口中的癌症患者将每年平均下降 0～0.1 例。上限基于两个假设：首先，假设由于氧戊（furans）和二噁英（dioxin）的排放导致癌症的比例是 1∶100000，至今没有可能确定这一假设是过高还是过低估计了癌症发病几率。其次，假设受影响人口为 10000 人（保守估计）。

②价值评估。

每一例癌症患者价值 170 万美元（1990 年美元），这一数字是非致死癌症的支付意愿价值和统计寿命平均价值的加权平均值。该权重基于预计美国的癌症死亡率为 49%。

如果发展中国家或项目所在地区的预期癌症死亡率与美国显著不同，就应该对该权重进行修正。在中国农村，由于医疗条件较差，癌症死亡率会更高一些。然而，由于不能获得数据，每例患者的期望价值未被调整，这会使后面所评估的 AOX 的影响价值产生过低偏差。

未调整的单位价值 170 万美元是基于支付意愿价值和美国的医疗费用。因此需要根据中国的收入和医疗费用水平进行调整，为了反映中国的收入水平，用人均 GNP 比率进行价值调整。调整结果为每位患者 23220 美元（1990 年价值），再用消费物价指数调整到 1992 年美元价值，调整后用 1992 年美元价值表示的影响价值范围为 0～2966 美元［等于 29659 美元/人乘以（0～0.1）人］。

（3）低溶解氧（DO）对人类福利/环境资源的影响。

在渭元河枯水期，纸浆厂排放的 BOD、COD 将降低河流溶解氧的水平，以致影响下游鱼类。旱季（2 月到 4 月）的枯水期还正好与工厂上游 10km 处炼糖厂的 BOD、COD 高排放期相一致，这会使渭元河 40km 河段河水的溶解氧水平降至 4～5mg/L。纸浆厂的排放将会使沿河 15km 的河水的溶解氧水平降到 4mg/L 以下。低溶解氧会阻碍呼吸过程，威胁鱼类生存。这会影响鱼类种群量以及影响非使用价值，这些非使用影响是不能定量评价的。由于捕捞率降低而受到影响的福利价值可以定量评价。

①定量化。

与 EIA 提供的关于鱼类和溶解氧的数据相比，基于重置成本的精确经济评价需要更多的信息，但可以利用 EIA 提供的信息得到一个价值估计范围，并举例说明其评价过程。

EIA 指出，纸浆厂的污水排放会使工厂下游 15km 河水中的溶解氧降到 4mg/L 以下，如此低的溶解氧浓度，对渔业会产生比过度捕捞更大的压力。如果该压力威胁鱼的产量，捕捞率就会下降。本案例对此作了快速分析，以决定潜在渔业影响是否足以影响整个项目的经济分析，或者是否应取得其他数据。快速分析中，因为可能存在一些影响，假设年捕捞率减少 0～10%，但是年捕捞量的减少不可能超过 10%。纸浆厂所在地南景村以下 2km 河段鱼的年捕捞量为 235.85kg，那么每年减少的捕捞量为 0～23.585kg。如果这一捕捞率适用于 15km 的低溶解氧河段，那么捕捞量总计降低 0～177kg。

EIA 中包括两个现存工厂假定的 BOD 和 COD 排放，分别是 6～9 吨/天和 20～30 吨/天，是新建工厂的 40～50 倍。所以造成的损害也大于新建工厂的 50 倍。但是 EIA 中并未说明这些工厂排放的污水是否进入了大小河流。所以，这一案例的影响估计包括了工厂远离河流以致其影响可以被忽略的可能性，这样，影响的估计范围为 0 ~ 8850kg。

②价值评估。

根据 EIA 提供的信息，评估渔业损失对福利影响的价值有两种可能的方法：一是估计捕捞量下降的重置成本；二是估计防止溶解氧下降的防护费用（恢复费用）。该地区渔业的商业或娱乐价值小，故没有估计其影响变化。减少的捕捞量通过“元/kg”的市场价格得以货币化，这样可以计算当地居民的损失。根据 1987 年家庭开支调查，云南省城镇鱼虾价格为 3.94 元/kg。中国的消费价格上涨指数从 1988 年到 1991 年分别为 20.7%（1988 年）、16.3%（1989 年）、1.3%（1990 年）、5.1%（1991 年），所以 1992 年价格为 5.89 元/kg。1992 年汇率为 5.5 元人民币∶1 美元，鱼价 5.89 元可折合为 1.07 美元。1.07 美元/kg 乘以减少的捕捞量（0 ~ 177kg），得到渔业的年总损失为 0 ~ 189 美元。类似地，考虑到现存工厂的影响是新建工厂的 0 ~ 50 倍，其影响的年重置成本为 0 ~ 9450 美元。

恢复费用的价值评估源于 EIA 的建议：在工厂上游建造一个污水处理厂，以减少炼糖厂和景古镇排放的 BOD 的影响。这是使用快速分析法决定最大潜在影响的另一个例子。EIA 预计，投资约 600 万美元的污水处理厂（1993 年美元价值）可将沿河 15km 河水中的溶解氧浓度提高约 3mg/L。如果只需要将纸浆厂下游河水的溶解氧浓度提高到 4mg/L 以上，污染处理厂提高的溶解氧含量是所需要的 15 倍，为补偿纸浆厂造成河水中溶解氧偶然低于 4mg/L 的损失，恢复费用为 40 万美元（600 万除以 15）。假设资本收益率为 8%，工厂寿命为 30 年，恢复费用的年均价值为 35500 美元。恢复费用明显高于重置成本，很可能过高估计了渔业的影响价值，所以本章评价中采用了重置成本的估算值。

5. 评估结果和汇总表

表 3-23 概括了各种影响的量化结果和价值，表 3-24 概述了项目按影响分类的年效益和年成本，结果显示，新建工厂年成本为 10936 ~ 19721 美元，关闭现存工厂可获益 13297 ~ 36165 美元。

表 3-23　云南思茅项目的影响、定量和价值评估一览表（根据 1992 年美元价值调整）

影响	数量	单位价值	年价值
新建工厂			
人体健康和福利：TSP（PM_{10}）	45 吨/年	人体健康：44.82 ~ 74.70 美元/吨 福利：4.98 ~ 8.30 美元/吨 价值范围源于美国关于健康福利影响的研究。有所修正并可能影响单位价值的性质	健康：2017 ~ 3362 美元 福利：224 ~ 374 美元
人体健康和福利：SO_2	481 吨/年	人体健康：9.34 ~ 16.19 美元/吨 福利：3.11 ~ 5.40 美元/吨 价值范围源于美国关于健康福利影响的研究。有所修正并可能影响单位价值的性质，不包括酸沉降对渔业的影响	健康：4493 ~ 7787 美元 福利：1496 ~ 2597 美元

续表 3-23

影响	数量	单位价值	年价值
人体健康和福利：NO_x	163 吨/年	人体健康：14.11～28.22 美元/吨 福利：2.49～4.98 美元/吨 价值范围源于美国关于健康福利影响的研究。有所修正并可能影响单位价值的性质	健康：2300～4600 美元 福利：406～812 美元
人类福利：渔业资源	0～177 吨/年	1.07 美元/kg 单位价值基于云南省鱼价。由于是市场价值，只估计了总支付意愿的下限	0～189 美元
现有工厂			
人体健康和福利：TSP（PM_{10}）	55 吨/年	人体健康：44.82～74.70 美元/吨 福利：4.98～8.30 美元/吨 价值范围源于美国关于健康福利影响的研究。有所修正并可能影响单位价值的性质	健康：2465～4109 美元 福利：274～457 美元
人体健康和福利：SO_2	584 吨/年	人体健康：9.34～16.19 美元/吨 福利：3.11～5.40 美元/吨 价值范围源于美国关于健康福利影响的研究。有所修正并可能影响单位价值的性质，不包括酸沉降对渔业的影响	健康：5455～9455 美元 福利：1816～3154 美元
人体健康和福利：NO_x	198 吨/年	人体健康：14.11～28.22 美元/吨 福利：2.49～4.98 美元/吨 价值范围源于美国关于健康福利影响的研究。有所修正并可能影响单位价值的性质	健康：2794～5588 美元 福利：493～986 美元
人体健康和福利：AOX	0～0.1 例癌症/年	29659 美元/例 这一价值基于美国医药费用和统计寿命价值估计，并根据中国的医药、收入水平进行调整。存活率仍用美国数据	2966 美元
人类福利：渔业资源	0～8850kg/年	1.07 美元/kg 单位价值基于云南省鱼价。由于是市场价值，只估计了总支付意愿的下限	0～9450 美元

表 3-24 云南思茅项目环境影响的年效益和成本一览表（据 1992 年美元价值修正）

影响	效益	成本
新建工厂		
人体健康的影响		8810 ~ 15749 美元
人类福利的影响		2126 ~ 3972 美元
现存工厂		
人体健康的影响	10714 ~ 22118 美元	
人类福利的影响	2583 ~ 14047 美元	
总计	13297 ~ 36165 美元	10936 ~ 19721 美元

根据 EIA 提供的信息，这些特定影响的价值在分析阶段不应再有一致变动，所以可直接将影响纳入项目评价中，从新建工厂开始运转的第一年起，与之相关的环境费用就应并入其他项目费用中，从现存工厂关闭的第一年起，由于关闭而获得的环境效益也应并入其他收益。

如果没有关于项目周期、运转天数及其他经济效益、成本的进一步信息，将环境影响价值纳入项目评价是不可能的。如果表 3-24 中列出的环境影响价值与整个项目的效益和成本相比是微不足道的，那么对整个项目评价也只有微小影响。如果所考虑的影响在实际环境影响中占重要位置，经济评价表明控抑措施会减少潜在的环境损害。

6. 把环境影响的经济价值纳入项目经济分析

在定量化和价值评估过程中，云南项目的许多潜在环境影响都被忽略了。如表 3-25 所示，这些影响将会减少项目环境影响的净效益。净效益是否为正仍不能确定（比如关闭现存工厂的效益少于新建工厂的费用）。由于环境影响的年效益只有 2000 ~ 16000 美元，被排除的影响无需很大就可以使净效益为负。

表 3-25 云南思茅项目中的省略、偏差和不确定性及其经济分析的影响

影响（效益分类）	对净效益的可能影响	备 注
常规空气污染物对生态系统的影响	+	低排放率时酸沉降影响很小，关闭现存工厂而减小的排放量还会减少这些影响
建筑灰尘对人体健康的影响	-	建设期净效益暂时减少
废物填埋的影响	-	这是一类重要的潜在影响，如果能适当处理废物，防止地下水和周围土壤的淋溶污染，则对净效净益影响很小。如果不能充分处理，则废弃物中的重要金属会产生很大的负面影响
土壤侵蚀对水体的影响	-	择伐可减少采伐地的侵蚀率，但采伐面积增加会扩大侵蚀面积。总体来说，净效益会有微小增加。更精确的肥力损失影响可以肥力重置成本法进行快速分析以上计算上限。如果继续皆伐，侵蚀影响可能很大

续表 3-25

影响（效益分类）	对净效益的可能影响	备　注
栖息地改变	-	改变栖息地的行为有：取代农业的思茅松林的砍伐和种植、薪柴压力减少。可能对生境的干扰
审美变化对福利的影响	-	工厂对视觉审美的微小影响
物种单一性疾病对生态系统的影响	-	混合种植以控抑单一性疾病的侵入
有害的大气排放物对人体健康的影响	+	假如采用控抑和安全措施，影响可能很小，关闭现有工厂而减少的排放量会降低这些影响
工厂的噪音、异味对福利的影响	+	厂区以外噪音和异味影响很小，职业健康影响未知，关闭现有工厂会降低这些影响
新建工厂排放 AOX 对人体健康和生态系统的影响	+	由于新建工厂 AOX 排放量很小且不包含二噁英等物质，影响可忽略不计，关闭现存工厂会减少生态影响
常规水污染对福利的影响	+	排放标准使得原来的混合区之外出现的水体失色，有异味、鱼类感染等问题最小化，关闭现有工厂将大大减少这些影响
颗粒物排放对人体健康的影响（大于 PM_{10}）	+	大颗粒灰尘造成的刺激和能见度下降会减少净效益。关闭现有工厂会大大降低这些影响
常规空气污染物和 AOX 排放对健康和福利的影响	U	每吨价值源于美国的研究，可能过高或过低估计了美国的价值。评价基于排放水平，也可能过高或过低估计了实际影响。现有工厂的排放和 AOX 影响是推测得到的，可能与实际有出入
渔业影响	U	渔业影响是基于有限的捕捞率、水质数据和假设的影响范围。现有工厂的渔业影响基于据新建工厂推测的 BOD、COD 排放量。用重置成本法估计了影响价值

注：对净效益影响的说明：

+表示可能增加效益；-表示可能减少效益；U 表示不确定，可能为+或-。

注意：一般来说，表中所列影响为负值。但在云南项目中，关闭两个现有工厂已经使几项影响为正值。

（1）被排除的影响。

由于各种原因，若干潜在影响被排除在定量分析和价值评估之外。一个原因是无法获得基准数据，如对森林栖息地和生物多样性的影响；另一原因是根据 EIA 提供的信息，影响只能粗略定量，如土壤侵蚀造成的肥力损失，估计的这些影响极小，故最终排除在定量分析之外。

另一些潜在影响被排除是因为控抑措施几乎能够完全抵消这些影响。其中最主要的是大气和水体中有毒有害污染物对人体健康和环境资源的影响。如果采用了EIA中建议的污染控制术和安全保护措施，这些影响便可忽略。如果项目中没有包含这些技术和安全措施，人体健康和环境资源的损害会大得多。

（2）总价值的准确性。

经济价值的计算没有基于准确的定量分析，原因是使用了很少数据和大量假设，因此其估值可能是不准确的，所以实际净效益可能大于或者小于估计值。

（3）基准变动的影响。

云南项目案例假设了一个基准，即：无其他工厂待建，森林也无变化。这一基准与EIA关于项目影响的讨论一致。项目影响中比较了这些影响的结果和历史测量值（如水质和林木采伐量的测量值）的差异。但是，EIA中并未估计如果没有该项目，这些测量值在将来的变动情况。例如，EIA中没有预测在未来年份中，林木基准需求是否增长。如果实际需求量增长，如人口增长导致对薪柴和木材的需求增长，那么项目影响还应包括未来某一时期对林地的附加负担。

如果实际基准与假设不同，评价结果可能也大不相同，如假设实际基准包括了一个污染控制措施少于新建工厂，也不包括森林开发项目的纸浆厂。与新建工厂相比，该基准会产生更大的健康影响、更高的土壤侵蚀率和不可持续的采伐水平，根据新基准衡量新建工厂的影响时，由于新建工厂对人体健康和森林的影响比新基准低，会导致实际影响与原来估计大不相同。

在假设的基准中，在项目阶段两个现存工厂继续运转。如果这是真实基准，那么工厂停止运转后的年收益应并入项目的效益中；如果已经计划关闭这两个工厂，不管新工厂是否取代它们，关闭工厂的效益都不能计入项目效益；如果该项目加速了两个工厂的关闭，那么工厂提前关闭的年效益也应计入项目的效益中。

4 投资项目环境影响经济评价主要参数测算

基于参数的重要性和相关测算资料的可得性两方面考虑，本章首先重点介绍 SO_2污染损害价值参数、水土流失损失价值参数、景观价值参数、温室气体排放价值参数等的测算，并对生命价值参数和成果参数作简单介绍。

4.1 SO_2污染损害价值参数和剂量反应参数

SO_2污染损害价值在不同污染程度下是不同的，对不同人群也可能是不同的。测定 SO_2污染损害价值参数和剂量反应参数是要反映这种差别。

4.1.1 SO_2 污染损害价值参数测定方法

SO_2污染造成的损害主要是人群健康损害，尤其是呼吸系统发病率和死亡率的提高。SO_2污染等引起的酸雨也危害森林、农田作物、建筑材料和桥梁等。估算 SO_2污染造成的损害价值，需要估算它造成的健康损害的价值以及酸雨损害的价值。

由于估算 SO_2污染损害价值的复杂性，在现实中人们常参考治理 SO_2的成本如脱硫成本来估算 SO_2污染损害价值。如中国环境与发展国际合作委员会（1997）在其“中国自然资源定价研究”中就用脱硫成本来估算煤炭燃烧过程中产生的环境成本（MEC2）。但在理论上，SO_2污染损害价值可能大于、等于或小于 SO_2治理成本。

在 SO_2污染较轻的地区，SO_2污染损害价值较小；在治理程度较大的地方，SO_2污染治理成本较高。所以，SO_2污染的边际损害是随着治理水平的提高而下降的，同时，SO_2污染治理的边际费用是随着治理水平的提高而升高的。

根据杨金田等（2002）引用亚洲开发银行技术援助项目“利用市场机制控制中国的环境污染”（1999）中关于 SO_2削减成本的边际变化（表 4-1），可以作出 SO_2污染治理边际成本曲线（图 4-1）。

表 4-1 中国 SO_2治理成本的边际变化

削减率（%）	总削减成本（万元，市场手段）	边际成本（每增加或削减一个百分点所增加的成本，万元）
19.6	130	—
34.8	420	19
49.0	790	26
63.5	1360	39
72.3	1860	57
83.4	2920	95
90.8	4180	170

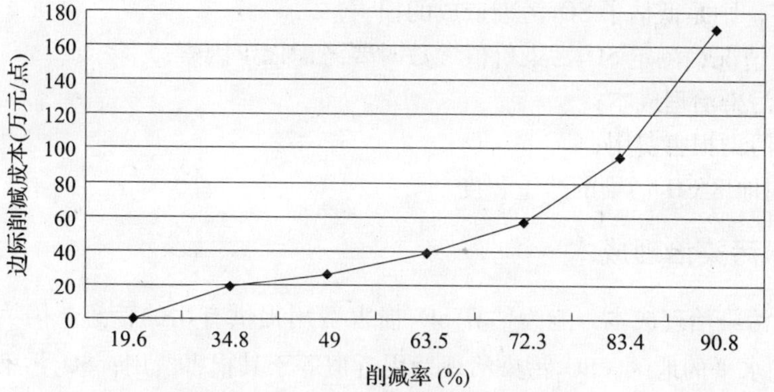

图 4-1 SO_2 污染治理边际成本曲线

注：编者作图，数据来源于《中国二氧化硫排污变量的可行性研究》（杨金田等，2002）。

把 SO_2 污染的边际损害曲线和边际治理成本放在一个坐标中，得到图 4-2。

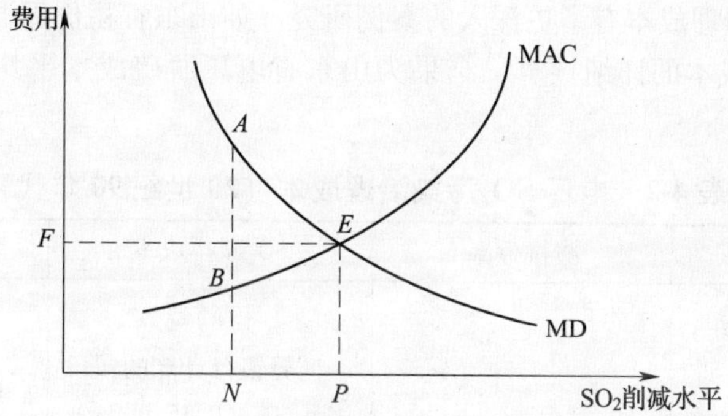

图 4-2 SO_2 污染的边际损害与边际治理成本

图 4-2 中，MD 是 SO_2 污染的边际损害曲线，MAC 是 SO_2 污染的边际治理成本。在 *E* 点，SO_2 污染的边际损害 = 边际治理成本，即：MD = MAC。

上式成立的条件是：SO_2 减排处于最优水平。即只有当 SO_2 污染的治理水平达到了社会最优治理水平 *P* 的时候，边际损害才等于边际治理成本，也只有这个时候，我们才可以用治理成本的测算来代替损害价值的测算。

但是，我国还未达到 SO_2 的最优减排水平，“十一五”规划也要求 2010 年 SO_2 排放量比 2005 年要减排至少 10%。世界银行（1997）也认为中国 SO_2 减排成本尚小于损害费用。如在其对中国环境研究《碧水蓝天：展望 21 世纪的中国环境》中，估计 SO_2 在上海造成的损失是 390 美元/吨 SO_2，但电厂 SO_2 去除成本仅为 100 ~ 400 美元/吨 SO_2（世界银行，1997），SO_2 治理成本分别为：现有电厂安装烟气脱硫设备（硫含量超过 2% 的煤）：144 美元/吨 SO_2；洗精煤：176 美元/吨 SO_2；常规流化床燃烧技术：163 美元/吨 SO_2；液态天然气联合循环技术：100 ~ 400 美元/吨 SO_2。

这些都意味着，中国 SO_2 减排水平尚未到达最优水平，仍需加强减排。说明在 SO_2 污染边际损害曲线与边际治理成本曲线的图 4-2 中，SO_2 减排水平目前是落在 SO_2 最优减排点

P 的左侧，如在 N 点，这时，SO_2边际损害 AN 大于边际治理成本 BN。在这个时候，用成本来估计损害，则是低估了 SO_2污染造成的损害。

鉴于以上情况，测定 SO_2污染价值参数时要考虑以下因素：

（1）SO_2污染治理成本；

（2）SO_2污染损害费用；

（3）不同地区 SO_2污染的严重程度。

4.1.2 SO_2 污染治理成本

估算 SO_2污染治理成本，能为估算 SO_2损害费用提供有用的信息，因为：在 SO_2污染治理接近最优水平的地区，SO_2污染治理费用近似等于其损害费用；SO_2污染治理成本的估算比较容易，并且估值不确定性小。

电厂 SO_2排放占我国 SO_2排放的 50% 以上，所以电厂 SO_2污染治理成本具有典型性。不同的 SO_2减排措施技术，其成本也是不同的。表 4-2 列举了 20 世纪 90 年代末电厂 SO_2污染不同治理措施的成本信息。

近两年对 SO_2治理成本有了更深入的案例研究。如山东省物价局课题组（2005）对山东省 3 个电厂脱硫成本的详细核算，结果为山东省电厂脱硫成本平均为 1.76 元/kg SO_2，详见表 4-3。

表 4-2 电厂 SO_2污染治理成本（20 世纪 90 年代）

SO_2减排措施	减排效率	SO_2减排成本	资料来源
关闭小火力发电机组，以提高煤的热效率；改造旧的机组以提高热效率		世界银行计算的：18 美元/吨（0.15 元/kg）	Shah 等，2000
喷钙法	减低 30% ~60% 的 SO_2排放	在中国：0.8 ~ 1.3 元/kg	阚宏钧等，2002
从使用高硫煤到使用低硫煤	美国酸雨计划Ⅰ（1994—2000 年）中，50% 的减排量是通过采油低硫煤实行的	广州案例：从采用 0.75% 到采用 0.5% 含硫量的煤，SO_2 减排成本是 4.5 元/kg	NORAD，2000
煤炭洗选	煤炭洗选可去除煤炭中 50% ~70% 的无机硫	0.8 元/kg 减排	Chen Guifeng et al，1999
湿法烟气脱硫	去除 90% 以上 SO_2	0.74 ~5 元/kg	NORAD，2000
		重庆：1.4 ~1.7 元/kg	Chen Guifeng et al，1999

续表 4-2

SO_2减排措施	减排效率	SO_2减排成本	资料来源
湿式石灰石 - 石膏法	78% ~80%	0.85 元/kg	杨金田等，2002
磷铵复肥法（PAFP）		1.5 元/kg	
石灰喷雾干燥法（LSD）		0.77 元/kg	
喷钙增湿法		0.70 元/kg	
简易湿法		0.81 元/kg	

表 4-3　2004 年山东火电不同机组烟气脱硫成本构成及其幅度

成本构成	计量单位	济宁新机 2×135MW	黄台老机 2×300MW	潍坊老机 2×300MW	老机改造综合水平
耗石灰石	万元 /年	301	345	450	795
增耗燃煤	万元 /年	56	—	19	19
增耗燃油	万元 /年	114	—	—	—
增耗净水	万元 /年	—	96	38	134
增耗厂电	万元 /年	722	1758	1378	3136
增折旧费	万元 /年	426	2503	2353	4856
增维修费	万元 /年	300	934	739	1673
增利息费	万元 /年	—	903	88	991
增人工费	万元 /年	—	211	100	311
年发电量	亿 kW · h	13.2	30	30	60
发电成本	元/kW · h	0.236	0.2715	—	—
上网电价	元/kW · h	0.3209	0.2429	0.3061	0.2888
脱硫增支	万元 /年组	1919	6750	5165	11915
脱硫成本	元/kW · h	0.0145	0.0225	0.0172	0.0199
脱硫成本	元/kg SO_2	—	1.76	—	—

广东省 16 个电厂脱硫工程的成本核算（廖永进，2007）包括了详细的生产成本和财务费用核算。生产成本包括生产期间的物资消耗（如脱硫剂消耗、水耗、电耗、蒸汽消耗等)、人工费、修理费、运营管理费、保险费、固定资产折旧费等。财务费用主要包括长期贷款利息、短期贷款利息和流动资金贷款利息等。其中固定资产折旧费取决于脱硫工程的动态投资。核算表明，广东电厂脱硫成本在 1.1 ~4.5 元/kg SO_2范围内。各电厂脱硫成本的差异主要来自电厂燃煤的含硫量，含硫量越低，则脱硫成本越高。见表 4-4 和表 4-5。

表 4-4　广东省 16 个电厂脱硫工程 20 年运营期内总成本汇总（万元）

脱硫工程	生产成本									经营成本	财务费用		总成本费用
	脱硫剂费用	电费	水费	蒸汽费	人工费	折旧费	大修理费	运营管理费	保险费		长期借款利息	流动资金借款利息	
工程 1	21450	7722	2640	7700	5200	12771	8066	1650	209	54637	4106	163	71678
工程 2	7425	12012	1353	0	5200	15036	9496	1650	246	37383	4820	105	57344
工程 3	34375	30888	2970	0	6240	22019	13907	3960	361	92700	7074	251	122044
工程 4	18150	27885	2640	0	6240	20019	12643	3960	328	71846	6427	197	98489
工程 5	9625	15015	660	231	5200	20136	12718	1980	330	45758	6454	128	72476
工程 6	32175	42900	4059	0	8320	38014	24009	5940	623	118025	12196	324	168559
工程 7	34925	54565	3564	0	8320	43293	27343	7920	709	137345	13891	375	194904
工程 8	62700	81510	6600	0	6240	35728	22565	7920	585	188121	11491	488	235828
工程 9	31625	77220	8118	0	7280	56536	35707	13068	926	173944	18137	474	249093
工程 10	28600	53196	4290	0	6240	42903	27097	9240	703	129366	13762	351	186382
工程 11	24750	44187	3960	693	6240	34349	21694	7920	563	110007	11021	298	155675
工程 12	19470	60060	4950	0	6240	47113	29756	7920	772	129167	15105	338	191724
工程 13	29205	83655	7260	0	7280	45110	28490	11880	739	168509	14481	441	228541
工程 14	0	12870	0	0	2080	19119	12075	1980	313	29319	6122	84	54643
工程 15	0	25740	0	0	3120	23957	15131	3960	392	48343	7676	136	80112
工程 16	11550	9653	825	0	4160	6917	4369	1386	113	32056	2225	95	41292

注：本表来源于《火电厂烟气脱硫装置成本费用的研究》（廖永进等，2007）。

表 4-5 广东省 16 个电厂脱硫工程脱硫成本

脱硫工程	机组容量（MW）	开工时间（年）	机组形式	建设模式	脱硫工艺	燃料含硫（%）	脱硫率（%）	总体布置	脱硫成本（元/kW·h）	脱硫成本（元/kg SO_2）
工程 1	2×125	1998	在役	EP+C	简易石灰石湿法	2.5	81	2 炉 1 塔	0.02818	1.64
工程 2	2×125	2001	在役	EPC	湿式石灰石－石膏法	0.8	90	2 炉 1 塔	0.02254	3.35
工程 3	2×300	2004	在役	EP+C	湿式石灰石－石膏法	1.2	92	2 炉 2 塔	0.01951	1.74
工程 4	2×300	2004	在役	EP+C	湿式石灰石－石膏法	0.8	92	2 炉 1 塔	0.01574	2.52
工程 5	300	2000	在役	EP+C	湿式石灰石－石膏法	0.91	95	1 炉 1 塔	0.02317	3.42
工程 6	3×200+300	2004	在役	EP+C	湿式石灰石－石膏法	0.91	91	4 炉 4 塔	0.01802	2.59
工程 7	4×300	2005	在役	EP+C	湿式石灰石－石膏法	0.8	92	4 炉 4 塔	0.01558	2.79
工程 8	2×600	2004	新建	EPC	湿式石灰石－石膏法	2.85	96	2 炉 2 塔	0.01879	1.10
工程 9	3×660	2004	在役	EP+C	湿式石灰石－石膏法	0.52	91	3 炉 3 塔	0.01203	3.77
工程 10	2×700	2004	在役	EP+C	湿式石灰石－石膏法	0.63	92	2 炉 2 塔	0.01273	3.58
工程 11	2×600	2005	新建	EP+C	湿式石灰石－石膏法	0.63	90	2 炉 2 塔	0.01240	3.42
工程 12	2×600	2003	新建	EPC	湿式石灰石－石膏法	0.7	95	2 炉 2 塔	0.01527	3.68
工程 13	3×600	2004	新建	E+P+C	湿式石灰石－石膏法	0.7	95	3 炉 3 塔	0.01214	2.96
工程 14	300	1996	在役	EPC	海水法	0.63	90	1 炉 1 塔	0.01747	4.50
工程 15	2×300	2002	在役	EPC	海水法	0.63	90	2 炉 2 塔	0.01280	3.30
工程 16	210	2000	新建	EPC	烟气循环流化床法	0.8	85	1 炉 1 塔	0.01892	3.49

注：本表来源于《火电厂烟气脱硫装置成本费用的研究》（廖永进等，2007）。

与20世纪90年代的SO_2治理成本（表4-2）相比，近年来山东的脱硫成本（1.76元/kg SO_2）和广东的脱硫成本（1.1~4.5元/kg SO_2）有升高的趋势（扣除物价因素后），也表明SO_2治理边际成本具有升高的趋势。

综合案例研究，我国电厂SO_2治理成本为3元/kg SO_2左右。

其他行业SO_2污染治理的成本，据杨金田（2002）等的研究，炼焦和矿业SO_2污染治理成本小于电力行业，化工和钢铁行业高于电力行业，见表4-6。

表4-6　SO_2 单位治理成本的行业比较

行　业	SO_2削减成本是电力行业的倍数
电力	1
化工	1.7
钢铁	1.5
炼焦	0.5
矿业	0.3

4.1.3　SO_2污染损害费用

由于SO_2污染损害价值评估的复杂性，国内对SO_2污染损害的估值研究一般是与城市区域SO_2污染浓度相联系（靳乐山，1998；陈秉衡等，2002），而未与SO_2排放相联系。环境影响经济评价人员需要的是与SO_2排放相联系的污染损害估值。

世界银行（1997）在其对中国环境污染问题的研究《碧水蓝天：展望21世纪的中国环境》中，估算了燃煤造成健康损害的价值。SO_2污染来源于燃煤，燃煤的主要污染也是SO_2污染（其他还有粉尘颗粒物污染等）。SO_2污染造成的危害主要是健康危害。世界银行估算北京市燃煤造成的健康损失是当时煤价的70%~163%，见表4-7。

表4-7　北京市燃煤所致健康损失价值对煤价的百分比（%）

部门	低估值①	中估值②	高估值③	平均值
电力	49	60	173	94
居民生活	37	45	129	70
供热	85	104	299	163
工业	62	76	219	119
总计	52	64	184	100

注：①包括死亡（人力资本法估算）和急性病发病损失；
②包括死亡（人力资本发估算）、急性病和慢性病发病损失；
③包括死亡（支付意愿法估算）、急性病和慢性病发病损失。

取燃煤造成健康损失为当时煤价的100%这一中值为例，则煤燃烧造成的健康损失均值为200元/吨煤（1997年）。根据世界银行的这一估算和北京市的相关数据，如北京市煤的含硫量是0.66%；北京市1997年工业SO_2的削减率为5%；假设SO_2占燃煤损害的30%，则可以估算出在北京市SO_2排放的健康损害是9.5元/kg SO_2（1997年）。

世界银行（1997）还估算了SO_2污染在郑州市造成的健康损失，即郑州市45000吨的SO_2排放，造成了400例早亡的健康影响（1997年）。世界银行以一例早亡损失6万美元=50万元人民币（城市，CVM法）计算，则损失为4.4元/kg SO_2排放（1997年）或4.9元/kg SO_2排放（2007年）。

世界银行（1997）估计SO_2在上海市造成的损失为390美元/吨SO_2，合3.2元/kg SO_2（1997年，按当时汇率8.3元/美元计算），或3.6元/kg SO_2（2007年）。

每千克SO_2污染排放造成损害的大小受以下因素影响：

（1）区域背景污染程度，即区域内已有SO_2污染浓度；

（2）区域内暴露于SO_2污染的人口数量；

（3）区域内人均收入水平等。

由于各地情况不完全相同，所以严格地说，每个地方的SO_2单位排放造成的损害值都与其他地方不同。因此，进行环境影响经济评估时就需要对某一个具体区域的SO_2污染损害逐个估算。但是，有时并不具备条件（时间、预算、数据等）来作这样的初始评估，这时如果有一个价值评估参数，则对环境影响经济评价会有很大的帮助。

基于以上考虑，我们根据中国SO_2治理成本（1.1～4.5元/kg SO_2）和损害费用（4.9～9.5元/kg SO_2）的已有价值评估核算值，确定单位SO_2排放的损害价值基础值为4.2元/kg SO_2（2007年），各地再根据SO_2污染程度等因素来对基础值进行调整，得到某地的SO_2排放损害的单位价值，即：

$$\text{某地}SO_2\text{污染单位损害价值} = SO_2\text{损害基础价值量} \times \text{地区调整系数} \quad (4\text{-}1)$$

4.1.4　地区调整系数

确定SO_2污染损害基础价值量后，需要根据各地的不同情况来调整该基础量，从而得到各地的SO_2污染单位损害价值量。

地区调整系数中要考虑的最主要因素是各地SO_2污染程度。各地区SO_2污染程度可以从以下方面来作出判断：

（1）国家划定的“控制SO_2和酸雨区域”（即两控区）；

（2）中国大气环境资源区划；

（3）各地大气SO_2环境容量和国家要求的排放总量削减量。

国家将SO_2污染和酸雨危害较严重的地区划定为“两控区”，作为SO_2和酸雨的重点治理区域。根据《国务院关于酸雨控制区和二氧化硫污染控制区有关问题的答复》（国函〔1998〕5号），国家环保总局发布了《酸雨控制区和二氧化硫污染控制区划分方案》（环发〔1998〕86号），见图4-3和表4-8、表4-9。

中国环境科学研究院根据各地的环境容量，对全国大气环境资源作出如下区划，见表4-10。

国家根据各地大气环境容量和2005年SO_2排放量现状，分配了“十一五”期间各地SO_2排放的总量指标，见表4-11。理论上，各地SO_2排放的总量分配指标是依据该地的环境容量而定的，实际中因环境容量的核算困难、污染控制的阶段性等因素，该分配总量会与环境容量有所偏离。但是，SO_2排放现状与对应的总量控制目标相差的程度仍反映了一个地区的SO_2污染程度。

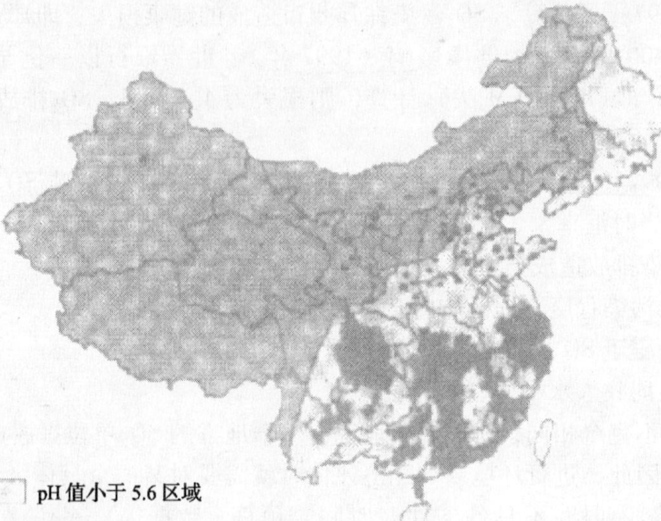

图 4-3 “两控区”划分方案示意图

表 4-8 国家“两控区”二氧化硫污染控制区范围

省、自治区、直辖市	控制区范围（国家重点扶持的贫困县除外）
北京市	东城区、西城区、宣武区（现为西城区）、崇文区（现为东城区）、朝阳区、海淀区、丰台区、石景山区及门头沟区、通州区、房山区、昌平县（现为昌平区）、大兴县（现为大兴区）
天津市	市区
河北省	石家庄市市区及辛集市、藁城市、晋州市、新乐市、鹿泉市，邯郸市市区及武安市，邢台市市区及南宫市、沙河市，保定市市区及涿州市、定州市、安国市、高碑店市，张家口市市区，承德市市区，唐山市市区及遵化市、丰南市，衡水市市区
山西省	太原市市区及古交市，大同市市区，阳泉市市区，朔州市市区，忻州市、榆次市、临汾市、运城市
内蒙古	呼和浩特市市区，包头市市区及石拐矿区、土默特右旗，乌海市市区，赤峰市市区
辽宁省	沈阳市市区及新民市，大连市市区，鞍山市市区及海城市，抚顺市市区，本溪市市区，锦州市市区及凌海市，葫芦岛市市区及兴城市，阜新市市区，辽阳市市区
吉林省	吉林市市区及桦甸市、蛟河市、舒兰市，四平市市区及公主岭市，通化市市区及梅河口市、集安市，延吉市
江苏省	徐州市市区及邳州市、新沂市

续表 4-8

省、自治区、直辖市	控制区范围（国家重点扶持的贫困县除外）
山东省	济南市市区及章丘市，青岛市市区及胶南市、胶州市、莱西市，淄博市市区，枣庄市市区及滕州市，潍坊市市区及青州市、高密市、昌邑市，烟台市市区及龙口市、莱阳市、莱州市、招远市、海阳市，济宁市市区及曲阜市、兖州市、邹城市，泰安市市区及新泰市、肥城市，莱芜市市区，德州市市区及乐陵市、禹城市
河南省	郑州市市区及巩义市，洛阳市市区及偃师市、孟津县，焦作市市区及沁阳市、孟州市、修武县、温县、武陟县、博爱县，安阳市市区及林州市，三门峡市市区及义马市、灵宝市，济源市市区
陕西省	西安市市区，铜川市市区，渭南市市区及韩城市、华阴市；商州市
甘肃省	兰州市市区，金昌市市区，白银市市区，张掖市
宁夏	银川市市区，石嘴山市市区
新疆	乌鲁木齐市市区

表 4-9　国家"两控区"酸雨污染控制区范围

省、自治区、直辖市	控制区范围（国家重点扶持的贫困县除外）
上海市	上海市
江苏省	南京市、扬州市、南通市、镇江市、常州市、无锡市、苏州市、泰州市
浙江省	杭州市、宁波市、温州市（市区及瑞安市、永嘉县、苍南县）、嘉兴市、湖州市、绍兴市、金华市、衢州市（市区及江山市、衢县、龙游县）、台州市
安徽省	芜湖市、铜陵市、马鞍山市、黄山市、巢湖地区、宣城地区
福建省	福州市、厦门市、三明市、泉州市、漳州市、龙岩市
江西省	南昌市、萍乡市、九江市、鹰潭市、抚州地区、吉安市、赣州市
湖北省	武汉市、黄石市、荆州市、宜昌市、荆门市、鄂州市、潜江市、咸宁地区
湖南省	长沙市、株洲市、湘潭市、衡阳市、岳阳市、常德市、张家界市、郴州市、益阳市、娄底地区、怀化市、吉首市
广东省	广州市、深圳市、珠海市、汕头市、韶关市、惠州市、汕尾市、东莞市、中山市、江门市、佛山市、湛江市、肇庆市、云浮市、清远市、潮州市、揭阳市

续表 4-9

省、自治区、直辖市	控制区范围（国家重点扶持的贫困县除外）
广西	南宁市、柳州市、桂林市、梧州市、玉林市、贵港市、南宁地区（上林县、崇左县、宾阳县、横县）、柳州地区（合山市、来宾县、鹿寨县）、桂林地区（灵川县、全州县、兴安县、荔浦县、永福县）、贺州地区（贺州市、钟山县）、河池地区（河池市、宜州市）
重庆市	渝中区、江北区、沙坪坝区、南岸区、九龙坡区、大渡口区、渝北区、北碚区、巴南区及万盛区、双桥区、涪陵区、永川市、合川市、江津市、长寿县、荣昌县、大足县、綦江县、璧山县、铜梁县、潼南县
四川省	成都市、自贡市、攀枝花市、泸州市、德阳市、绵阳市、遂宁市、内江市、乐山市、南充市、宜宾市、广安地区、眉山地区
贵州省	贵阳市、遵义市、安顺地区、兴义市、凯里市、都匀市
云南省	昆明市、曲靖市、玉溪市、昭通市、个旧市、开远市、楚雄市

表 4-10　全国大气环境资源区划

省（区）	可增加排放的地区	必须减排的地区
北京、天津		全部
内蒙古	东西部	中部化德、呼和浩特、东胜地区
黑龙江	北部	西南部齐齐哈尔地区、南部哈尔滨、东南部兴凯湖北部
辽宁	西北部	中部沈阳、鞍山、半岛南部
广西	东北部	北部柳州、南部南宁
新疆	其他地区	乌鲁木齐地区
甘肃	西北部	东南部兰州、天水地区
宁夏	南部	中部银川地区
山西	西北部河曲一带	中东部太原地区、东北部、南部
陕西	北部延安以北	南部关中地区、秦岭以南、汉中平原
山东	半岛东端	中部济南、东南青岛
福建	西南部	沿海福州、福鼎地区
吉林		中南部
河北		东部、石家庄、邢台、太行山山麓北部、燕山山麓、唐山地区
湖北	西南鄂西一带	东部汉口地区

续表 4-10

省（区）	可增加排放的地区	必须减排的地区
湖南	西北边桑植、吉首	东部大部地区、长沙
海南	大部地区	北部，海口
广东	东部、北部	中南部，广州、深圳
安徽	大部地区为低排放区	东北部，蚌埠地区
江西	南部寻乌	北部南昌一带
云南	大部分地区	东部边界，兴仁一带
四川		南部，宜宾、成都
重庆		全部
贵州	东部边境	西南，贵阳
浙江	西南部排放量较低	东部部，杭州及沿海
河南	东南部为低排放区	北部，安阳，中部，郑州及其他大部地区
上海		全部
江苏		江苏南部，南京

资料来源：武雪芳等，2002。

由于SO_2排放总量分配方案（表4-11）反映了国家“两控区”中各地SO_2污染的严重程度，也符合我国大气环境资源区划（表4-10），所以我们可以用SO_2排放总量分配与现状排放之间的差值来定量地说明各地SO_2的污染程度。具体地，我们用SO_2现状排放量超出分配的目标总量的比例来界定某地SO_2的污染程度，见表4-11。

表 4-11 中国“十一五”期间 SO_2 排放总量分配方案

省份	2005 年统计值（万吨）	2010 年分配（万吨）		现状超出目标总量的比例（%）
		分配总量	其中：电力	
北京	19.1	15.2	5.0	26
天津	26.5	24.0	13.1	10
河北	149.6	127.1	48.1	18
山西	151.6	130.4	59.3	16
内蒙古	145.6	140.0	68.7	4
辽宁	119.7	105.3	37.2	14
其中：大连	11.89	10.11	6.41	18
吉林	38.2	36.4	18.2	5
黑龙江	50.8	49.8	33.3	2

续表 4-11

省份	2005 年统计值（万吨）	2010 年分配（万吨）		现状超出目标总量的比例（%）
		分配总量	其中：电力	
上海	51.3	38.0	13.4	35
江苏	137.3	112.6	55.0	22
浙江	86.0	73.1	41.9	18
其中：宁波	21.33	11.12	7.78	92
安徽	57.1	54.8	35.7	4
福建	46.1	42.4	17.3	9
其中：厦门	6.77	4.93	2.17	37
江西	61.3	57.0	19.9	8
山东	200.3	160.2	75.7	25
其中：青岛	15.54	11.45	4.86	36
河南	162.5	139.7	73.8	16
湖北	71.7	66.1	31.0	8
湖南	91.9	83.6	19.6	10
广东	129.4	110.0	55.4	18
其中：深圳	4.35	3.48	2.78	25
广西	102.3	92.2	21.0	11
海南	2.2	2.2	1.6	0
重庆	83.7	73.7	17.6	14
四川	129.9	114.4	39.5	14
贵州	135.8	115.4	35.8	18
云南	52.2	50.1	25.3	4
西藏	0.2	0.2	0.1	0
陕西	92.2	81.1	31.2	14
甘肃	56.3	56.3	19.0	0
青海	12.4	12.4	6.2	0
宁夏	34.3	31.1	16.2	10
新疆	51.9	51.9	16.6	0
其中：建设兵团	1.66	1.66	0.66	0

资料来源：环境保护部，2008。

注："现状超出目标总量的比例"一栏由课题组根据表中数据计算而得。

我国大气SO_2污染发生在城市及其周边地区，城市之间人均收入虽有差别，但没有城乡之间那么大的收入差别。另外，暂不考虑人口因素。首先以各地区SO_2污染程度为主要因素来调整单位污染的损害价值，以各地“现状超出目标总量的比例”加1作为各地区的调整系数，用SO_2污染损害基础价值量乘以地区调整系数，可以得到各地区单位SO_2污染损害价值量，见表4-12。

表4-12 中国各地区SO_2污染损害单位价值

省 份	地区调整系数	SO_2污染损害单位价值（元/kg SO_2，2007年）
北京	1.26	5.3
天津	1.10	4.6
河北	1.18	5.0
山西	1.16	4.9
内蒙古	1.04	4.4
辽宁	1.14	4.8
其中：大连	1.18	5.0
吉林	1.05	4.4
黑龙江	1.02	4.3
上海	1.35	5.7
江苏	1.22	5.1
浙江	1.18	5.0
其中：宁波	1.92	8.1
安徽	1.04	4.4
福建	1.09	4.6
其中：厦门	1.37	5.8
江西	1.08	4.5
山东	1.25	5.3
其中：青岛	1.36	5.7
河南	1.16	4.9
湖北	1.08	4.5
湖南	1.10	4.6
广东	1.18	5.0
其中：深圳	1.25	5.3
广西	1.11	4.7
海南	1.00	4.2

续表 4-12

省　份	地区调整系数	SO_2污染损害单位价值（元/kg SO_2，2007 年）
重庆	1.14	4.8
四川	1.14	4.8
贵州	1.18	5.0
云南	1.04	4.4
西藏	1.00	4.2
陕西	1.14	4.8
甘肃	1.00	4.2
青海	1.00	4.2
宁夏	1.10	4.6
新疆	1.00	4.2
其中：建设兵团	1.00	4.2

表 4-12 所得出的各地 SO_2污染损害单位价值可以作为环境影响经济评价中的环境价值参数。如果在环境影响经济评价中希望使用更精确的 SO_2污染损害估算，则需要使用 SO_2污染剂量反应参数来估算某地的 SO_2污染损害价值量。

4.1.5 SO_2污染剂量反应关系

使用 SO_2污染剂量反应函数，可以较为细致地估算某一具体地方 SO_2污染造成的损害后果，如引起哪些疾病发病率的变化和死亡率的变化的大小等，从而为下一步较为准确地估算损害价值量提供条件。

大气 SO_2污染对健康的影响主要是引起呼吸系统疾病发病率和死亡率的提高，同时，有研究表明它也影响心脑血管系统（常桂秋等，2003）。

我国环境流行病学流域对 SO_2污染剂量反应关系有一系列的研究，涉及北京、沈阳、上海、重庆等地区 SO_2污染对呼吸系统、心脑血管系统等的定量研究。

上海市 1974—1982 年大气 SO_2浓度与人群死亡率逐年动态的变化关系是，大气 SO_2浓度每增加 10μg/m^3，则呼吸系统疾病死亡人数将增加 5%（蔡宏道，1995）。

对沈阳市 SO_2污染的剂量反应关系研究结果表明，大气 SO_2浓度每增加 50μg/m^3，总人群组的呼吸系统疾病死亡率增加 5.90%，其中儿童组为 10.23%，老年组为 4.66%（王慧文等，2007）；心血管疾病死亡率增加 5.33%，老年组增加 8.14%，故空气中 SO_2可增加心血管疾病的死亡率（王慧文等，2002）。

对沈阳的环境流行病学的研究表明，SO_2 浓度每增加 100μg/m^3，则总死亡率增加 2.4%（徐希平等，1994）。

徐肇翊等（1996）研究了 1992 年沈阳市每日死亡人数与大气污染物（TSP、SO_2）浓度的关系，结果表明，SO_2每增加 100μg/m^3，总死亡率、COPD、心脑血管病死亡率分别增加2%、7%、2%。

常桂秋等（2003）分析了1998—2000年北京市大气污染与居民相关疾病死亡率的关系，研究表明大气中SO_2浓度与呼吸系统、心脑血管疾病、慢性阻塞性肺病和冠心病死亡率之间的正相关关系均有显著意义，SO_2浓度每提高100μg/m^3，呼吸系统、循环系统、冠心病和慢性阻塞性肺病疾病死亡率分别增加4.21%、3.97%、10.68%和19.22%。

杨敏娟等（2008）研究了北京市大气污染对城区居民每日心脑血管疾病死亡的短期影响。根据2003年1月1日—12月31日北京市城区居民死亡统计资料，分析了北京市城区研究期间大气主要污染物（SO_2）与居民每日死亡数的关系。结果表明，大气SO_2浓度每升高10μg/m^3，心脑血管疾病死亡危险性增加0.4%（0.1%～0.8%）。

徐希平等（1994）对1989年北京（东、西城）居民每日死亡数与大气污染的关系进行了定量研究，结果表明，北京大气SO_2浓度每升高1%，则北京居民分病因死亡相对危险度：慢性阻塞性肺部疾病（COPD）升高0.29%，肺心病（PHD）升高0.19%，心脑血管病（CCVD）升高0.11%，表明了大气SO_2浓度与死亡率之间的非线性关系。

常桂秋等（2003）在研究1998—2000年北京市大气污染物与儿科门、急诊就诊人次的关系中发现，大气污染物SO_2浓度每提高100μg/m^3，儿科门、急诊上呼吸道感染就诊人数就分别增加1.17%；肺炎就诊人数分别增加1.41%；气管炎就诊人数分别增加8.51%。

赵越（2007）研究了北京大气SO_2污染与呼吸系统疾病死亡率暴露－反应关系（见图4-4），结果表明，北京大气SO_2浓度每升高10μg/m^3，则呼吸系统疾病死亡率上升4.0%。

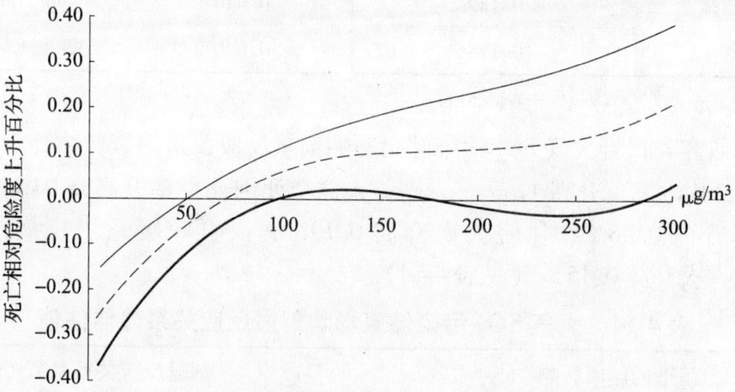

图4-4 北京大气SO_2污染与呼吸系统疾病死亡率剂量反应关系（赵越，2007）

周燕荣（1997）等在重庆发现COPD入院水平与大气中SO_2浓度呈正相关，SO_2浓度从200μg/m^{3}增加到300μg/m^3，COPD入院构成比将增加0.83%。

赵越（2007）对唐山大气SO_2浓度与门诊内科之间的关系进行了研究，结果表明，当天效应（lag0）的拐点为83μg/m^3，SO_2每升高10μg/m^3，门诊内科上升百分比为2.0%。唐山大气SO_2浓度与急诊内科之间的关系是，滞后两天（lag2）的拐点为200μg/m^3，SO_2每升高10μg/m^3，急诊内科上升百分比为1.0%。

Aunan等（2004）对在中国北京、上海、沈阳、重庆、香港所做的7个大气SO_2污染健康影响的剂量反应关系案例研究进行了meta分析，结果见表4-13。

表 4-13　在中国进行的大气 SO_2 污染对健康的剂量反应关系研究

污染的健康影响	剂量反应关系系数（%）	标准误	研究文献来源
人群全死因死亡率	0.191	0.060	Xu Xiping et al, 1994
	0.161	0.059	Wong CM et al, 2001
	0.024	0.009	Xu Z et al, 2000
	0.039	0.024	Venners et al, 2003
	0.159	0.025	Kan et al, 2003
人群心血管疾病死亡率	0.169	0.045	Kan et al, 2003
	0.182	0.041	Venners et al, 2003
	0.018	0.012	Xu Z et al, 2000
人群呼吸系统疾病死亡率	0.104	0.048	Venners et al, 2003
	0.325	0.078	Kan et al, 2003
	0.736	0.744	Xu Xiping et al, 1994
	0.074	0.025	Xu Z et al, 2000
人群心血管疾病住院人次	0.159	0.050	Wong TW et al, 1999
	0.208	0.035	Wong CM et al, 2002
人群呼吸系统疾病住院人次	0.129	0.040	Wong TW et al, 1999
	0.178	0.040	Wong CM et al, 2002

资料来源：Aunan（2004）和于剑（2004）。

综合以上研究，得到大气 SO_2 污染健康影响剂量反应关系的最佳估算为：

大气 SO_2 日均浓度每升高 $1\mu g/m^3$，则：人群全死因死亡率升高 0.04%；人群心血管疾病：死亡率升高 0.06%、住院人次升高 0.19%；人群呼吸系统疾病：死亡率升高 0.18%、住院人次升高 0.15%（见表 4-14）。

表 4-14　大气 SO_2 污染健康影响剂量反应关系最佳估值

污染的健康影响	剂量反应关系系数（%）
人群全死因死亡率	0.04
人群心血管疾病死亡率	0.06
人群心血管疾病住院人次	0.19
人群呼吸系统疾病死亡率	0.18
人群呼吸系统疾病住院人次	0.15

4.2　水土流失损害价值参数

水土流失是大多数建设项目可能引起的主要生态破坏，我国要求建设项目要制定水土保持方案，水土保持方案需得到有关部门批准，是最终批准项目的条件之一。

4.2.1　我国水土流失分布

我国是世界上水土流失最严重的国家之一。根据水利部 2007 年公布的第二次全国土壤侵蚀遥感调查（2000 年）结果，我国水土流失面积达 355.55 万 km^2，占国土总面积的 37.4 %，其中水蚀面积 164.88 万 km^2，风蚀面积 190.67 万 km^2，二者内含水蚀、风蚀交错区面积 25.57 万 km^2（李智广等，2008）。中国除了风蚀和水蚀面积外，还有 127.82 万 km^2的冻融侵蚀。若把冻融侵蚀记入水土流失总面积内，则全国水土流失总面积为 484.74 万 km^2，占国土总面积的 51.1 %。这里提到的“水土流失”只是指土壤的水蚀和风蚀。具体情况见表 4-15、图 4-5、表 4-16、图 4-6 和表 4-17。

表 4-15　第二次遥感土壤侵蚀调查全国各省（市、自治区）水土流失面积（千 km^2）

省（市、自治区）	水蚀面积	风蚀面积	合计
北京市	4.383	0	4.383
天津市	0.463	0	0.463
河北省	54.662	8.295	62.957
山西省	92.863	0	92.863
内蒙古自治区	150.219	594.607	744.826
辽宁省	48.221	2.333	50.554
吉林省	19.296	14.278	33.574
黑龙江省	86.539	8.907	95.446
上海市	0	0	0
江苏省	4.105	0	4.105
浙江省	18.323	0	18.323
安徽省	18.775	0	18.775
福建省	14.832	0.087	14.919
江西省	35.106	0	35.106
山东省	32.432	3.555	35.987
河南省	30.073	0	30.073
湖北省	60.843	0	60.843
湖南省	40.393	0	40.393
广东省	11.01	0	11.01
广西壮族自治区	10.369	0.004	10.373
海南省	0.205	0.342	0.547
四川省	150.4	6.121	156.521
贵州省	73.179	0	73.179
云南省	142.562	0	142.562

续表 4-15

省（市、自治区）	水蚀面积	风蚀面积	合计
西藏自治区	62. 744	49. 893	112. 637
重庆市	52. 04	0	52. 04
陕西省	118. 096	10. 708	128. 804
甘肃省	119. 37	141. 969	261. 339
青海省	53. 137	128. 972	182. 109
宁夏回族自治区	20. 907	15. 943	36. 85
新疆维吾尔自治区	115. 425	920. 726	1036. 151
台湾省	7. 844	0	7. 844
全国合计	1648. 816	1906. 74	3555. 556

资料来源：《我国水土流失区域分异宏观特征、规律和水土保持生态建设方略探讨》（万晔等，2007）。

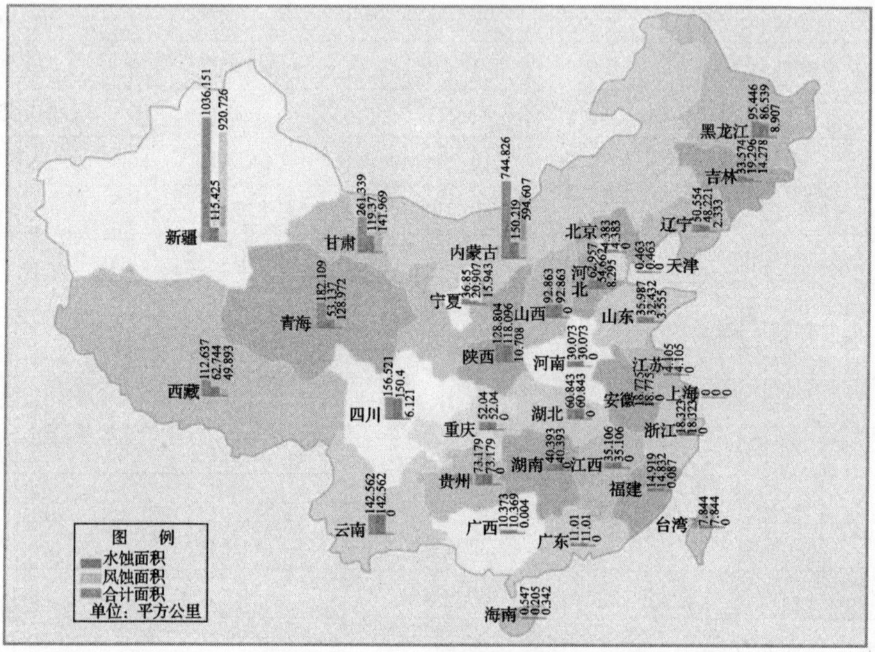

图 4-5　全国各省（市、自治区）水土流失面积
（全国第二次土壤侵蚀遥感调查结果）

虽然建设项目要求制定水土保持方案，但是，建设项目引起的水土流失仍不可避免。根据水利部、中国科学院、中国工程院“中国水土流失与生态安全综合科学考察”专题“开发建设项目考察”结果（郭索彦等，2008），“十五”期间（2001—2005 年）全国 76810 个建设项目，占地总面积 552. 8 万 hm^2，各类建设项目所产生的弃土弃渣总量为 92. 1 亿吨，其中公路项目最多，达到 42. 4 亿吨，占弃土弃渣总量的 46. 1%；露采矿工程和水利水电工程次之，为 19. 1 亿吨和 17. 2 亿吨 ，分别占 20. 7% 和 18. 7% 。

表 4-16 全国水土流失强度（第二次土壤侵蚀遥感调查结果）

水土流失强度	水蚀面积		风蚀面积		水土流失面积	
	万 km^2	%	万 km^2	%	万 km^2	%
轻度	83	50.3	79	41.4	162	45.5
中度	55	33.3	25	13.1	80	22.5
强度	18	10.9	25	13.1	43	12.1
极强度	6	3.7	27	14.1	33	9.3
剧烈	3	1.8	35	18.3	38	10.7
合计	165	100	191	100	356	100

资料来源：《2003 全国水土保持监测公报》。

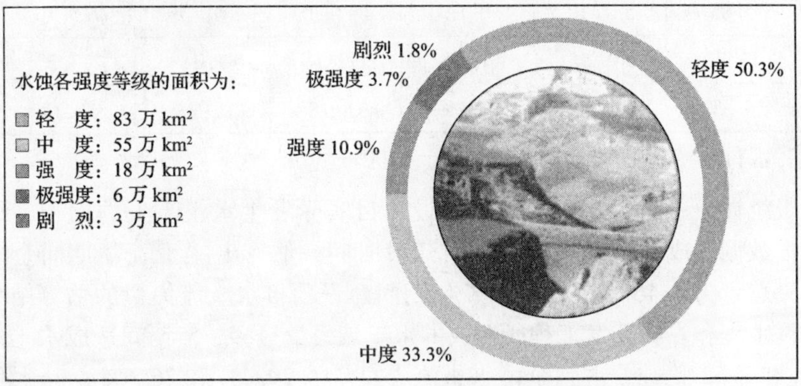

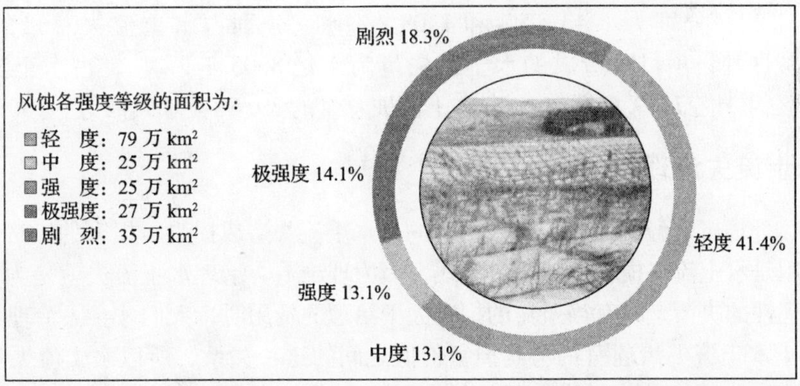

图 4-6 水蚀、风蚀强度比例（全国第二次土壤侵蚀遥感调查结果）

表 4-17 全国主要江河流域土壤侵蚀量

流域名称	计算面积（万 km^2）	多年平均		2005 年		2006 年	
		径流量（亿 m^3）	侵蚀总量（亿吨）	径流量（亿 m^3）	侵蚀总量（亿吨）	径流量（亿 m^3）	侵蚀总量（亿吨）
长江	138.14	7659.10	23.87	7576.19	11.64	5422.05	5.28
黄河	49.15	364.70	16.00	230.80	4.00	233.40	2.94

续表 4-17

流域名称	计算面积（万 km^2）	多年平均		2005 年		2006 年	
		径流量（亿 m^3）	侵蚀总量（亿吨）	径流量（亿 m^3）	侵蚀总量（亿吨）	径流量（亿 m^3）	侵蚀总量（亿吨）
海河	18.20	16.90	2.01	4.85	0.02	4.62	0.10
淮河	20.10	285.44	1.58	481.63	0.46	245.53	0.08
珠江	41.52	2866.10	2.20	2501.80	1.02	2889.10	1.26
松花江	52.83	613.00	0.19	596.50	0.38	425.50	0.16
辽河	22.00	35.02	1.53	33.80	0.77	11.50	0.22
钱塘江	5.56	202.70	0.11	201.21	0.09	177.65	0.10
闽江	5.85	577.10	0.12	683.70	0.13	715.10	0.13
塔里木河	11.73	148.95	1.30	172.18	1.31	173.52	1.25
黑河	4.39	15.64	0.16	18.18	0.008	18.14	0.02

资料来源：水利部《中国水土保持公报 2006》（2008）。

根据逐级统计汇总的“十五”期间建设项目实际发生水土流失的面积，结合建设项目土壤侵蚀模数调查成果、各类建设项目建设时间，估算出“十五”期间全国各类建设项目水土流失总量为9.46 亿吨 。“十五”期间建设项目水土流失量的估算结果表明，全国以城镇建设工程和农林开发工程所造成的水土流失量最多，5 年间造成水土流失量分别为2.81 亿吨和2.52 亿吨，占到全国水土流失总量的29.7%和26.6%；其次是公路工程和水利水电工程，分别为1.43 亿吨和1.08 亿吨 ，分别占水土流失总量的15.1%和11.4%。丘陵区建设项目所造成的水土流失量为4 亿8605.7 万吨 ，占水土流失总量的51.4%；山区为3 亿7569.6 万吨 ，占水土流失总量的39.6%（郭索彦等，2008）。

4.2.2 水土流失治理费用

建设项目环境影响经济评价中需要估算的是水土流失造成损失、损害的经济价值。水土流失治理费用是水土流失损害价值的最低线，因为理论上，治理水土流失就是为了避免其造成的损害，理性的决策是只有当避免的损害大于治理的费用时，人们才会去治理水土流失。

正是由于水土流失治理费用与其损害价值之间的这一关系，所以水土流失治理费用可以为估算水土流失损害价值提供有用的信息。

水土流失治理费用因地区、流失强度和治理方式等的不同而不同。治理严重的水土流失、在经济发展水平较高的地区治理水土流失以及用某些工程措施来治理水土流失，一般需要较高的治理费用。但是估算水土流失治理费用本身有较大的确定性，相比而言，估算水土流失的损害费用会因评估方法、直接损害和间接损害的选取等而有一定的不确定性。

估算水土流失治理费用可以借助于两方面的信息：一是各地开发建设项目水土保持方案实施情况，二是各地收取的水土流失防治费及水土保持设施补偿费。

开发建设项目需要制定水土保持方案，方案中有资金预算和治理目标。回顾建设项目水土保持方案的实施情况，可以得知水土流失的治理费用，见表 4-18。

表 4-18 全国开发建设项目水土保持方案实施情况（2006 年）

省（自治区、直辖市）	开发建设项目水土保持方案审批							验收开发建设项目（个）	实施返还治理示范工程		
	审批数量（个）				水土保持总投资（万元）	防治责任范围（万 hm²）	设计拦挡弃土弃渣（万 m³）		项目（个）	面积（hm²）	投入资金（万元）
	合计	省级	地级	县级							
合计	21548	1404	2805	17339	2882328.0	783636.9	155648.8	4931	1259	44875.6	27092.7
北京	96	55		41	71082.7	3763.1	16684.0	15			
天津	11	9	2		6741.2	661.3	49.3	20			
河北	579	45	71	463	141894.4	21331.2	9149.5	130	44	246.0	547.0
山西	382	15	98	269	25942.0	15523.0	7551.0	93	66	1291.0	1090.0
内蒙古	623	141	141	341	57893.2	63634.7	5788.9	116	54	5044.5	400.8
辽宁	1360	60	178	1122	73775.2	9795.8	3941.1	266	29	665.6	423.7
吉林	300	28	49	223	159425.0	41940.3	538.1	125			
黑龙江	185	37	26	122	14163.5	3108.6	2211.4	27	55	3212.3	50.5
江苏	45	23	7	15	13066.0	805.0	35.0	6	2	23.0	73.6
浙江	1764	87	97	1580	117236.5	20427.8	5843.5	268	19	822.0	1891.4
安徽	242	21	16	205	11871.3	6145.7	589.7	69	5	1187.0	327.0
福建	921	19	54	848	56679.3	7073.3	2733.3	159	48	848.8	552.7
江西	1540	23	358	1159	240308.4	47725.0	5380.2	458	103	641.9	296.4
山东	1966	40	134	1792	63402.0	32163.1	2129.1	740	136	5939.3	3033.8
河南	750	51	26	673	15519.6	4625.5	2448.3	48	56	2063.1	704.6

续表 4-18

省（自治区、直辖市）	开发建设项目水土保持方案审批							验收开发建设项目（个）	实施返还治理示范工程		
	审批数量（个）				水土保持总投资（万元）	防治责任范围（万 hm^2）	设计拦挡弃土弃渣（万 m^3）		项目（个）	面积（hm^2）	投入资金（万元）
	合计	省级	地级	县级							
湖北	1008	31	70	907	48858.4	12442.4	5040.6	362	58	2197.7	1088.1
湖南	825	40	243	542	174137.0	210633.0	710.8	10	205	2920.0	2538.4
广东	771	77	93	601	80935.0	11575.0	1325.0	207	39	778.0	444.0
广西	686	86	70	530	147118.1	20310.3	3268.2	121	5	52	48.5
海南	2	2			280.6	33.0	15.9				
重庆	1135	51		1084	28170.6	83635.2	25523.5	48	44	3094.5	364.0
四川	2508	99	492	1917	79557.2	25850.3	9414.4	1160	101	8040.0	1301.8
贵州	1093	92	71	930	222561.8	36617.3	8113.8	126	23	113.8	77.6
云南	1610	99	331	1180	164433.5	52115.7	14735.4	126	8	577.2	160.3
西藏	2	2			1861.6	315.9					
陕西	518	39	82	397	695251.0	18189.4	3014.2	161	67	2806.5	654.6
甘肃	304	38	24	242	30197.9	5405.8	2101.2	81	63	807.4	452.9
青海	106	35		71	102361.9	7539.1	16864.9	1	10	664.0	10004.0
宁夏	157	15	57	85	32560.0	7658.0	443.0	4	4	840.0	486.0
新疆	57	42	15		4200.0	12500.0		2	15		81.0

资料来源：水利部《中国水土保持公报 2006》（2008）。

根据建设项目水土保持方案实施情况（表4-18），我们可以估算出全国各省区的水土流失治理费用，见表4-19。

表4-19 全国各省（市、自治区）的水土流失治理费用（2006年）

省（市、自治区）	单位面积治理费用（元/hm^2）	省（市、自治区）	单位面积治理费用（元/hm^2）
北京市	—	湖北省	4951
天津市	—	湖南省	8693
河北省	22236	广东省	5707
山西省	8443	广西	9327
内蒙古	795	海南省	—
辽宁省	6366	四川省	1619
吉林省	—	贵州省	6819
黑龙江省	157	云南省	2777
上海市	—	西藏	—
江苏省	32000	重庆市	1176
浙江省	23010	陕西省	2332
安徽省	2755	甘肃省	5609
福建省	6512	青海省	—
江西省	4618	宁夏	5786
山东省	5108	新疆	—
河南省	3415	全国平均水平	6037

资料来源：根据建设项目水土保持方案实施情况（表4-18）计算而得。

估算水土流失治理费用还可以从各地水利部门征收的“水土流失防治费收费标准”获得有用的信息。《中华人民共和国水土保持法》（2010年修订）第三十二条规定，“在山区、丘陵区、风沙区以及水土保持规划确定的容易发生水土流失的其他区域开办生产建设项目或者从事其他生产建设活动，损坏水土保持设施、地貌植被，不能恢复原有水土保持功能的，应当缴纳水土保持补偿费，专项用于水土流失预防和治理。”该法律在修订前也有类似条款，根据这一法律条款，各地制定了实施细则，规定各类建设项目和活动需要防止水土流失，潜在造成水土流失的项目单位和个人有责任防治水土流失，如果责任单位或个人不能或不便治理的，则按规定交纳水土流失防治费，由水土保持主管部门统一安排防治。

如山东省1995年颁布的《山东省水土保持设施补偿费、水土流失防治费收取标准和使用管理暂行办法》（以下简称《暂行办法》）规定，凡在行政区域内易于发生水土流失的地区，从事开矿、探矿、采石、采油、挖沙、取土、垦荒、筑路、修渠、烧窑等自然资源开发、生产建设及其他活动的单位和个人，都必须采取措施保护水土资源，对损坏的水土保持设施给予补偿，并负责对所造成新的水土流失进行治理。不能或不便自行治理的，要按规定交纳水土流失防治费，由水土保持主管部门统一安排防治。

《暂行办法》中所称水土流失防治费，是指单位和个人在从事自然资源开发和生产建设过程中，根据所造成的水土流失面积和产生的废弃土、石、砂、矿渣、尾砂等，按规定需要采取水土保持措施进行治理所需的费用。水土流失防治费统一由水土保持主管部门所属的监督管理机构收取。收费标准按如下规定：

（1）对于水土流失责任明确，因受技术、人力等条件限制不能自行治理的，按照水土保持监督管理机构批准的水土保持方案的预算交纳水土流失防治费。

（2）对于季节性、流动性、临时性作业造成水土流失，不能自行治理，又不便于按照水土保持方案交纳防治费的，按下列标准交纳水土流失防治费：①按应治理的破坏地貌、植被面积每平方米1至5元；②按堆弃的砂、石、土或者尾矿、废渣体积每立方米2至6元。

水土流失防治费以及水土保持设施补偿费，由收取该费用的水土保持监督管理机构用于所属行政区域内的水土保持设施补偿及水土流失防治。

其他省区的水土流失防治费收费标准也多在1~5元/m^2，即约1万~5万元/hm^2。该费率与各地单位面积治理费用（表4-19）反映的实际情况基本一致。

4.2.3 水土流失损害价值

政府部门收取的水土流失治理费用和建设项目花费的水土流失治理费用，为我们提供了水土流失损害的低限值。水土流失损害价值要高于水土流失治理费用，否则社会治理水土流失将得不偿失。杨志新等（2004）通过估算北京市水土流失损失和防治费用，认为在水土流失治理上大约每增加1元的投资，就能避免最少42元的经济损失。

直接评估水土流失造成的损失和损害的价值是比较困难的，因为水土流失造成的影响非常广泛，既有当地的影响，如表土层流失带来的土壤养分损失和土壤肥力下降，又有下游的影响，如河道的淤积和水库库容损失等。尽管面临评估挑战，不少研究者仍然积极探索直接评估水土流失的损害价值。

东西方研究中心Smil（1996）曾在《中国环境经济损失的研究》中，把水土流失的经济损失单独列为一大项，并分为粮食损失、营养流失、水库库容丧失、水库排灌功能下降对粮食生产的影响、库容丧失对发电能力的影响、清除渠道和湖塘淤积的费用、生活用水净化成本、洪水造成的粮食损失和物质损失等9项内容进行计算，评价结果为1990年中国因水土流失造成的经济损失为264亿元。

任勇等（1997）将水土流失造成的经济损失分为破坏土壤及养分损失、淤积水库、淤积河湖、加重洪灾、污染水源、恶化生态系统6大类进行估算，评估出中国水土流失的经济损失为495亿元（1990年）。

2006年由水利部、中国科学院、中国工程院联合开展了“中国水土流失与生态安全科学考察”，设立了专门的评价组，对水土流失的经济损失作了估算，将毁坏土地资源的损失列为直接经济损失，包括泥沙流失损失、养分流失损失、水源涵养损失、土地资源废弃、作物减产损失；将淤积江河湖泊、加重水质污染、加剧水旱灾害列为间接经济损失，包括江河淤积损失、湖泊淤积损失、水库淤积损失、水体污染损失、旱灾损失、水灾损失。计算结果为2000年全国水土流失造成的经济损失1887亿元，占当年GDP总量的2.1%。其中，直接经济损失642.6亿元，间接经济损失1244.4亿元，约为直接经济损失的两倍。

对具体流域水土流失经济损失的案例研究，估算结果常出现较大的差异。许月卿等（2006）估算贵州省猫跳河流域（3117km^2）水土流失经济损失为36602万元（2004年），约合单位面积水土流失经济损失1174元/hm^2。夏建国等（2006）估算四川西部名山县蒙山一阳坡面（4.91km^2）的水土流失经济损失为1776万元（2004年），约合单位面积水土流失经济损失36171元/hm^2。

各地单位流失面积所造成的损失有差别，说明：①水土流失的程度有差异，重度水土流失的损失比较大；②同样程度流失所造成的损失有差异，经济相对发达地区的损失比较大。

由于各省区水土流失程度和经济发展程度的差异，在测定水土流失损害价值参数时应尽量分地区测定。根据水利部、中国科学院、中国工程院联合开展的“中国水土流失与生态安全科学考察”对全国各省区水土流失经济损失的估算结果（表4-20），再根据全国第二次遥感土壤侵蚀调查的各省（市、自治区）水土流失面积（表4-15），我们就可以求得全国各省（市、自治区）单位面积水土流失的经济损失价值（表4-21）。

表4-20 我国各省（市、自治区）水土流失造成的直接经济损失（1990年和2000年）

省（市、自治区）	水土流失造成的直接经济损失（亿元）		省（市、自治区）	水土流失造成的直接经济损失（亿元）	
	1990年	2000年		1990年	2000年
北京	0.57	0.74	湖南	16.08	13.61
天津	0.07	0.12	广东	7.12	3.82
河北	8.45	12.58	广西	6.46	3.07
山西	28.27	37.03	海南	0.22	0.10
内蒙古	26.86	31.55	四川	73.88	88.17
辽宁	23.91	19.64	贵州	29.42	40.33
吉林	5.19	4.94	云南	32.82	63.48
黑龙江	21.77	20.82	西藏	3.71	8.30
上海	—	—	重庆	—	35.23
江苏	2.92	1.70	陕西	48.64	49.66
浙江	5.44	8.79	甘肃	42.95	65.08
安徽	5.95	7.31	青海	17.52	24.72
福建	6.26	12.65	宁夏	2.34	2.24
江西	15.94	35.10	新疆	2.61	7.45
山东	7.00	13.93	台湾	2.48	3.07
河南	9.01	5.18	全国合计	476.69	642.59
湖北	22.82	22.17			

注：本表来源于《我国水土流失的经济影响评估》（朱高洪，2008）。

表4-21 全国各省（市、自治区）单位面积水土流失直接经济损失价值

省（市、自治区）	水土流失面积（2000年）（1000km²）	直接经济损失总计（2000年）（亿元）	单位流失面积直接经济损失（2000年）（元/hm²）	单位流失面积直接经济损失（2007年）（元/hm²）	水土流失损害价值地区调整系数
北京	4.383	0.74	16883	19247	0.93
天津	0.463	0.12	25918	29547	1.43
河北	62.957	12.58	19982	22779	1.11
山西	92.863	37.03	39876	45459	2.21
内蒙古	744.826	31.55	4236	4829	0.23
辽宁	50.554	19.64	38850	44289	2.15
吉林	33.574	4.94	14714	16774	0.81
黑龙江	95.446	20.82	21813	24867	1.21
上海	0	0	—	—	—
江苏	4.105	1.7	41413	47211	2.29
浙江	18.323	8.79	47972	54688	2.65
安徽	18.775	7.31	38935	44386	2.15
福建	14.919	12.65	84791	96662	4.69
江西	35.106	35.1	99983	113981	5.53
山东	35.987	13.93	38708	44127	2.14
河南	30.073	5.18	17225	19637	0.95
湖北	60.843	22.17	36438	41539	2.02
湖南	40.393	13.61	33694	38411	1.86
广东	11.01	3.82	34696	39553	1.92
广西	10.373	3.07	29596	33739	1.64
海南	0.547	0.1	18282	20841	1.01
四川	156.521	88.17	56331	64217	3.12
贵州	73.179	40.33	55111	62827	3.05
云南	142.562	63.48	44528	50762	2.46
西藏	112.637	8.3	7369	8401	0.41
重庆	52.04	35.23	67698	77176	3.75
陕西	128.804	49.66	38555	43953	2.13
甘肃	261.339	65.08	24903	28389	1.38
青海	182.109	24.72	13574	15474	0.75

续表 4-21

省（市、自治区）	水土流失面积（2000年）（$1000km^2$）	直接经济损失总计（2000年）（亿元）	单位流失面积直接经济损失（2000年）（元/hm^2）	单位流失面积直接经济损失（2007年）（元/hm^2）	水土流失损害价值地区调整系
宁夏	36.85	2.24	6079	6930	0.34
新疆	1036.151	7.45	719	820	0.04
台湾	7.844	3.07	39138	44617	2.17
全国合计	3555.556	642.59	18073	20603	—

资料来源：根据2007年公布的全国第二次土壤侵蚀遥感调查结果（第2栏），2006年由水利部、中国科学院、中国工程院联合开展的“中国水土流失与生态安全科学考察”水土流失损失评价组结果（第3栏）和2000—2007年的价格指数（第5栏）等计算而得。水土流失损害价值地区调整系数由各省市2007年单位流失面积直接经济损失除以全国均值得来。

由表4-21可知，中国水土流失单位面积平均造成的损害价值为20603元/hm^2，各地因水土流失程度和经济发展水平差异而有不同的单位损失价值。如内蒙古水土流失单位损害价值为4829元/hm^2，江西单位损害价值则高达113981元/hm^2。

4.3 景观价值参数

建设项目可能影响景观价值，如郊外一座火电厂造成的粉尘污染等会使电厂附近户外游憩价值下降，一座水库可能淹没一个观光景点，使该景点价值丧失（如三峡大坝），但有的水库也可能形成新的观光景点，增加了景观价值。

户外游憩是体现人们经济福利的一种方式，随着生活水平提高，人们从户外游憩中获得了更多的福利改善。建设项目的景观价值影响越来越成为项目环境影响的一个重要部分。

一段户外河流的价值包括水本身的价值、水环境带来的游憩价值、水环境带来的生物多样性价值等。一片户外林地的价值包括林木本身的价值、森林环境带来的游憩价值、森林环境带来的生物多样性价值、林地的防风固沙等生态价值、森林的教育文化功能价值。一处自然历史文化遗迹的价值包括自然历史文物本身的价值、文化教育功能价值、观赏游憩价值、非使用价值等。

这里景观价值指景观的游憩价值，不包括景观要素所具有的其他价值，这些其他价值需要用不同的方法分别进行估算。景观的游憩价值一般使用旅行费用法来评估，也有些案例使用意愿调查法（CVM），价值单位通常使用“元/人次”，即景观在每旅游人次中体现的价值。

虽然景观不能移动，但是游客可以移动，这使得景观的价值具有了很大程度的可比性，在不同地方的类似景观，会因游客的流动而具有可比的景观价值。

4.3.1 国内景观价值评估

中国景观游憩价值的评估从20世纪80年代开始，至今有大约30个案例研究，其中使用旅行费用法、意愿调查法等初始的价值评估方法的研究案例有大约20个。表4-22列出了评估出来的各景观的单位游憩价值。

表 4-22　中国景观游憩价值评估案例

景观类型	被评估的景观	评估年份景观单位价值（元/人次）	评估年份（年）	2007 年的景观单位价值（元/人次）	使用的评估方法	评估者及文献来源
山水林风景名胜区	四川九寨沟景区	533[1]	2000	606	改进的旅行费用法	李巍等，2003
		488[2]	2002	556	分区多目的地旅行费用法	张茵等，2004
		7706[3]	1997	8608	旅行费用法	陈浮等，2001
		26. 7[4]	1997	30	意愿调查法	
	安徽黄山及其周边 50km 以内的景点（西递/宏村、花山谜窟等）	1583[5]	2004	1714	分区多目的地旅行费用法	谢贤政等，2006
	安徽黄山景区	584[6]	1995	726	未知	戴广翠等，1998
	广东鼎湖山景区	475[7]	2000	540	旅行费用法	吴章文等，2002
	吉林长白山景区	140[8]	2006	147	改进的旅行费用法	翟印礼等，2008
		135[9]	1996	155	旅行费用法	薛达元等，1999
	福建武夷山景区	1598[10]	2005	1700	旅行费用法	王洪翠等，2007
		2139[11]	1995	2660	旅行费用法	艾运盛等，1996
城市湿地	湖北武汉东湖景区	346[12]	2007	346	改进的旅行费用法	高悦等，2008
		21[13]	1998	24	旅行费用法	Du Yaping，1999

续表 4-22

景观类型	被评估的景观	评估年份景观单位价值（元/人次）	评估年份（年）	2007年的景观单位价值（元/人次）	使用的评估方法	评估者及文献来源
旷野湿地（鸟类）	内蒙古乌梁素海国家级自然保护区（湿地类型）	336⑭	2005	357	改进的旅行费用法	郝伟罡等，2007
	内蒙古赤峰市达里诺尔国家级自然保护区（湿地类型）	119⑮	2004	129	旅行费用法	乔光华等，2005
水利工程	湖南江垭水利枢纽工程景观	326⑯	2003	367	旅行费用法	钟姗姗，2007
草原景观	内蒙古自治区四子王旗草原景观	125⑰	2004	135	旅行费用法	吕君等，2006
观光农业	陕西杨凌国家农业高新产业园区都市农业游憩价值	52⑱	2004	56	意愿调查法（CVM）	牛军让等，2005
	湖北武汉城郊石榴红休闲农场	1933⑲	2006	2026	旅行费用法	蔡银莺等，2007

注：①根据引文中数据计算而得。文中提供880人样本量的消费者剩余为370581元，人均421元/人次。又据2000年九寨沟门票旺季为115元/人，淡季为80元/人，因淡季时间短（每年11月1日至次年2月底），估计游客量只占全年的10%，可得加权平均门票为112元/人。景观单位价值为消费者剩余加门票，即533元/人次。

②根据引文中数据计算而得。文中提供人均消费者剩余为376元/人次（2002年）。又据2002年九寨沟门票旺季为115元/人，淡季为80元/人，因淡季时间短（每年11月1日至次年2月底），估计游客量只占全年的10%，可得加权平均门票为112元/人。景观单位价值为消费者剩余加门票，即488元/人次。

③根据引文中数据计算而得。文中提供1996年17万游客的消费者剩余为12.969亿元（1997年调查计算的消费者剩余），约合人均7629元/人次。1997年九寨沟门票旺季为80元/人，

淡季为 50 元/人，因淡季时间短（每年 11 月 1 日至次年 2 月底），估计游客量只占全年的 10%，可得加权平均门票为 77 元/人。景观单位价值为消费者剩余加门票，即 7706 元/人次。

④引文中作者使用意愿调查法得出人均支付意愿为 26.7 元/人/年，因绝大多数游客不会在同一年内重游九寨沟，所以该人均支付意愿即为 26.7 元/人次，也即景观的单位价值。

⑤根据引文中数据计算而得。文中提供 2004 年黄山风景区的游客平均消费者剩余在 1263 ~ 1818 元之间（因评估模型而异），这里取低估值 1263 元/人次。2004 年黄山主景区门票价格淡、旺季加权平均为 110 元/人，西递和宏村门票各 80 元/人，花山谜窟门票 50 元/人。景观单位价值为消费者剩余加门票，即 1583 元/人。

⑥引文中直接提供 2 个评估结果，一个是黄山森林公园人均游憩价值为 861 元/人（1995 年），另一个是以黄山等为代表的亚热带常绿阔叶林旅游区的人均消费者剩余为 572 元/人。1995 年黄山景区门票为 12 元/人，则第二个评估结果人均消费者剩余加门票合计为 584 元/人次。虽然提及使用旅行费用法，但未叙述使用旅行费用法的具体过程，如何取样、变量选取、方程形式等均未写明。

⑦根据引文中数据计算而得。文中提供 2000 年鼎湖山景区 73.8 万人总的消费者剩余为 31369 万元，约合人均消费者剩余 425 元/人次。2000 年鼎湖山景区门票 50 元/人，景观单位价值为消费者剩余加门票，即 475 元/人次。

⑧根据引文中数据计算而得。文中提供 2006 年长白山景区 505 人样本量的消费者剩余为 19989.68 元，人均 40 元/人次。2006 年长白山景区门票 100 元/人，景观单位价值为消费者剩余加门票，即 140 元/人次。

⑨根据引文中数据计算而得。文中提供 1996 年长白山景区 17.6 万人总的消费者剩余为 1494.9 万元，约合人均消费者剩余 85 元/人次。1996 年长白山景区大小门门票合计 50 元/人，景观单位价值为消费者剩余加门票，即 135 元/人次。

⑩根据引文中数据计算而得。文中提供 2005 年武夷山景区 86 万游客的消费者剩余为 127955 万元，约合人均 1488 元/人次。2005 年武夷山景区门票为 110 元/人次（一日游），则景观单位价值为消费者剩余加门票，即 1598 元/人次。

⑪根据引文中数据计算而得。文中提供 1995 年武夷山景区 30 万游客的消费者剩余为 63376 万元，约合人均 2113 元/人次。1995 年武夷山景区门票为 26 元/人次（通票），则景观单位价值为消费者剩余加门票，即 2139 元/人次。

⑫根据引文中数据计算而得。文中提供 2007 年武汉东湖景区 1516 人样本游客的消费者剩余为 525343 元，约合人均 346 元/人次。2007 年开始东湖主景区免费开放（以前门票为 30 元/人）。

⑬根据引文中数据计算而得。文中提供 1998 年武汉东湖景区 214 万游客的消费者剩余为 4162 万元，约合人均 19 元/人次。1998 年东湖主景区门票为 2 元/人。则景观单位价值为消费者剩余加门票，即 21 元/人次。

⑭根据引文中数据计算而得。文中提供 2005 年乌梁素海国家级自然保护区 569 人样本游客的消费者剩余为 174398 元，约合人均 306 元/人次。2005 年乌梁素海国家级自然保护区对游客收门票，但门票价格未知。此类保护区门票多为 30 ~ 50 元/人，这里估计乌梁素海门票 30 元/人，则景观单位价值为消费者剩余加门票，即 336 元/人次。

⑮根据引文中数据计算而得。文中提供 2004 年达里诺尔国家级自然保护区 10 万人游客的消费者剩余为 937 万元，约合人均 94 元/人次。2004 年达里诺尔国家级自然保护区对游客收门票 25 元/人，则景观单位价值为消费者剩余加门票，即 119 元/人次。

⑯根据引文中数据计算而得。文中提供 2003 年江垭水利枢纽工程景观 30 万人次游客的消费者剩余为 9776 万元，约合人均 326 元/人次。因是免费参观，所以景观单位价值即 326 元/人次。

⑰根据引文中数据计算而得。文中提供 2004 年内蒙古自治区四子王旗草原景观 47 万人次游客

的消费者剩余为5897万元，约合人均125元/人次。因是免费参观，所以景观单位价值即125元/人次。

⑱根据引文中数据计算而得。文中提供2004年杨凌国家农业高新产业园区都市农业景观100万人次游客的总支付意愿为5242万元，约合人均52元/人次。则该都市农业的景观价值为52元/人次。

⑲文中提供2006年武汉城郊石榴红休闲农场1.8万人游客的人均消费者剩余为1933～4345元/人次（根据不同评估方法）。农场门票为零。这里取人均消费者剩余低值，该休闲农业的游憩价值为1933元/人次。

由表4-22可见，景观的单位游憩价值差别较大，相差在10倍以上。

林业部门也曾核算过我国不同地区森林景观的游憩价值，见表4-23。

表4-23　我国各森林旅游区消费者剩余统计

旅游区划名称	区划面积（hm^2）	人均消费剩余（元/人）	旅客人数（万人）	总体消费者剩余（万元）	每公顷人均消费者剩余（元/hm^2）
北温带针阔叶林旅游区	901398.99	83.08	800.76	66527.14	738.04
暖温带落叶阔叶林旅游区	719579.5	449.525	1598.5	718565.71	9985.91
亚热带常绿阔叶林旅游区	931779.1	572.12	2272.91	1300377.27	13955.85
南亚季风阔叶林旅游区	366213.09	218.75	452.52	98988.75	2703.04
温带草原、荒漠旅游区	745154.83	250.27	221.8	55509.89	744.94
西南高山植被旅游区	516606.67	686.15	1012	694383.8	13441.25
青藏高原区	26513.34		9.6		
总计	6030477.39		6368.27	2934352.56	
平均	—	477.37			4865.87

资料来源：《对森林游憩价值经济评估的研究》（戴广翠等，1998）。

4.3.2　国外景观价值评估

国外发达国家从20世纪60年代就开始进行了大量的景观游憩价值评估案例研究，积累了大量的景观游憩价值评估数据。根据Loomis（2005）关于游憩价值评估的最新综合性回顾，1964—2003年，在美国和加拿大共有593项游憩价值评估案例研究，共进行了1239个游憩价值评估，涵盖野营、野炊、游泳、观光等30种游憩活动。研究者们对这些估值进行了统计分析，得到各种游憩活动的消费者剩余均值，其中观光活动的平均消费者剩余为47.64美元/人/天（2004年价格），按2004—2008年汇率6.8计算，折合人民币为324元/人/天，即是游憩活动单位价值。见表4-24。

表4-24 1964—2003年在美国和加拿大进行的游憩价值评估案例各游憩活动的单位游憩价值（2004年）（美元/人/天）

游憩活动类型	个数		游憩价值（美元/人/天）			
	评估案例数	估值数	平均值	标准误	低估值	高估值
远足野营	1	6	52.10	9.29	26.82	80.34
观鸟	4	8	29.60	8.35	5.80	78.46
露营	29	48	37.19	5.77	2.03	224.53
越野滑雪	8	12	31.38	3.41	14.05	48.38
山坡滑雪	5	5	33.49	8.48	15.05	63.11
垂钓	129	177	47.16	4.81	2.08	556.82
划船/漂流/划独木舟	20	81	100.91	9.56	2.70	394.82
一般户外活动	15	39	35.10	8.69	1.42	257.51
海滩活动	5	33	39.43	5.06	3.78	117.82
徒步旅行	21	68	30.84	4.33	0.40	262.04
骑马	1	1	18.12	—	18.12	18.12
狩猎	192	277	46.92	2.20	2.60	250.90
摩托艇运动	15	32	46.27	7.43	3.78	203.62
山地骑车	7	32	73.78	12.11	20.86	295.69
越野驾车	4	10	22.92	3.95	5.24	40.86
其他户外活动	15	16	48.70	11.57	5.71	206.82
野餐活动	8	13	41.46	10.69	8.94	142.74
休闲驾车（可能含观光）	4	11	59.23	18.84	3.02	167.74
攀岩	4	27	56.26	6.86	26.62	135.82
戴呼吸器潜水	2	24	32.36	11.21	2.81	250.04
观光	15	28	36.84	8.80	0.65	209.77
戴通气管潜水	1	9	30.31	15.36	5.23	135.29
摩托雪橇活动	3	8	6.29	13.24	10.79	124.44
游泳	11	26	42.68	6.14	2.20	134.34
参观环境教育中心	1	1	6.01	—	6.01	6.01

续表 4-24

游憩活动类型	个数		游憩价值（美元/人/天）			
	评估案例数	估值数	平均值	标准误	低估值	高估值
参观植物园	1	1	13.54	—	13.54	13.54
参观水族馆	1	1	28.31	—	28.31	28.31
划水	1	4	49.02	12.72	15.13	70.07
观看野生动物	69	240	42.36	2.64	2.40	347.88
风帆冲浪	1	1	395.47	—	395.47	395.47
总计	593	1239	47.64	—	—	—

资料来源：Loomis（2005）。

由表 4-24 可以看出，北美地区绝大多数游憩活动的单位价值为 20～60 美元/人/天（2004 年美元）。虽然不同评估案例得到的低估值和高估值有较大的差别（主要在 2～200 美元/人/天之间），但是，较低的标准误（基本在 2～15 之间）表明，这些案例评估值相对还是比较集中的，即 95% 的案例评估值分布在评估均值周围较小的范围内。

北美地区 593 个案例研究的 1239 个游憩价值评估结果在很大程度上的可比性，表明户外游憩这种非市场物品的价值是可以通过科学的方法评估出来的。在评估方法规范和科学的条件下，评估出的不同旅游地的游憩价值是在一定范围内随旅游地特性、游憩活动种类、游客社会经济状况等而有所变化。

4.3.3 景观单位价值

对比中国景观游憩单位价值与北美户外游憩单位价值，其数值接近，但是由于中国人均收入水平不足美国和加拿大收入水平的 10%，而景观游憩的单位价值与收入水平必然是显著正相关的，所以二者数值上的接近实际上掩盖了某种巨大的偏差。鉴于评估景观游憩价值的旅行费用法和意愿调查法均产生于美国，并且北美地区有 50 年以上评估历史和 500 例以上的评估案例，而中国学者是在近 10 多年间学习以上评估方法的基础上，对中国 30 多个景观游憩活动的价值评估，所以最可能的偏差来自于中国的评估案例。中国研究者也认为中国游憩活动价值评估仍处在初级阶段，评估方法简单单一，缺乏校验（刘敏等，2008）。总体来说，中国案例高估了景观游憩单位价值。

中国进行的景观游憩价值评估过高，可能来自于以下偏差：

（1）评估模型问题。如旅行费用法中的全经验需求模型中，因变量应为旅游率，而中国有些评估案例（如乔光华等，2005；艾运盛等，1996）中的因变量是旅游人数。游客收入水平是影响旅行率和旅游行为的重要变量，但是中国不少评估案例的全经验需求模型中根本没有收入变量（如陈浮等，2001；高悦等，2008；李巍等，2003；王洪翠等，2007；翟印礼等，2008）。有些中国评估案例没有考虑多目的旅行问题（如陈浮等，2001；

王洪翠等，2007；翟印礼等，2008）。这些建立评估模型时存在的问题，会造成评估结果实质性的偏差。

（2）数据问题。有些评估案例中样本游客调查资料与相关游客的社会经济条件不在同一时序（如王洪翠等，2007；陈浮等，2001）。

（3）计算问题。几乎所有中国评估案例都把旅行费用作为旅游地游憩价值的一部分（薛达元等，1999；陈浮等，2001；李巍等，2003；谢贤政等，2006；王洪翠等，2007；翟印礼等，2008），而实际上旅行费用不是旅游地游憩价值的一部分。理论上，旅行费用是使旅游地游憩价值耗损的部分，降低旅行费用（如去旅游地的交通改善）可以提高旅游地的价值，而不是抬高旅行费用可以提高旅游地的价值。

中国现有景观游憩价值评估案例一方面数量少，另外在评估方法上仍有较大改善空间，其评估出的景观价值结果不足以单独作为参照标准。综合考虑中国游憩价值评估结果、北美游憩价值评估结果和中国与北美的收入水平差距，可以提出一个初步的中国游憩价值参考值（见表4-25），以供没有时间和预算来直接做原始评估的建设项目进行经济评价和环境评价时使用。该初步参考值应随着中国景观游憩价值评估案例的增多和方法的完善而进行更新。

表 4-25　中国景观单位价值参考值

景观类型	单位景观价值（元/人次，2007 年）
山水林风景名胜区	300
城市湿地	100
旷野湿地	150
水利工程	80
草原景观	130
观光农业	100

4.4　温室气体排放价值参数

建设项目可能增加温室气体排放，如大量燃煤燃油、释放煤层气、反刍动物规模化养殖等；也可能减少或抵消温室气体排放，如畜禽场废弃物的沼气化利用、植树造林、风力发电等。温室气体排放会造成温室效应，目前国际学术界对此已达成共识。世界上绝大多数国家（188 个国家）是控制温室气体排放《京都议定书》的签约国，并采取行动限制温室气体排放或增加碳汇。

《京都议定书》要求在 2008—2012 年的 5 年间，39 个工业发达国家必须将温室气体排放总量在 1990 年的排放基础上削减 5.2%。为了实现这一目标，世界上形成了若干温室气体减排量交易市场。世界银行 2007 年 5 月发布的《碳市场现状与趋势》报告显示，2006 年全球碳交易总额 300 亿美元，预测 2008—2012 年，全球碳交易市场规模每年可达

600亿美元，2012年全球碳交易市场将达到1500亿美元（见表4-26）。温室气体减排价值在这些市场中得以揭示出来。

表4-26 世界碳排放交易市场

市场类型	2005年		2006年	
	交易量	交易额	交易量	交易额
	百万吨 CO_2 当量	百万美元	百万吨 CO_2 当量	百万美元
基于总量控制的碳排放权交易市场				
欧盟碳排放权交易市场（EU ETS）	321	7908	1101	24357
澳大利亚新南威尔士碳排放权交易市场（NSW GGAS）	6	59	20	225
芝加哥气候交易所（CCX）	1	3	10	38
英国碳排放权交易市场（UK ETS）	—	1	—	—
小计	328	7971	1131	24620
基于建设项目的碳减排交易市场				
基于CDM的CER初级交易市场	341	2417	450	4813
基于CDM的CER二级交易市场	10	221	25	444
基于JI的ERU市场	11	68	16	141
其他交易	20	187	17	79
小计	382	2894	508	5477
总计	710	10864	1639	30098

资料来源：State and Trends of the Canbon Market（World Bank，2007）。

从表4-26中可以看出，世界碳排放交易市场基本上由两个市场构成。一个是欧盟基于总量控制而设计的欧盟范围的碳排放权EUA交易市场（EU ETS），其交易额占世界碳排放市场交易总额的80%，交易量占世界碳排放市场交易总量的70%。另一个是基于《京都议定书》中清洁发展机制（CDM）的“核准碳减排量”（CERs）初级交易市场，其占世界交易额的18%，交易量的30%（World Bank，2007）。我们主要应看这两个主要市场的碳减排交易价格。单位EUA和单位CER都等于1吨 CO_2 当量。

欧盟排放权EUA的价格在14~20欧元/吨 CO_2 当量（20~25美元/吨 CO_2 当量）左右，但是变动幅度较大（World Bank，2007）。2004年交易开始时，排放权价格为每吨6欧元，到2006年4月上旬，每吨价格超过了31欧元。2008年新一轮价格达到每吨23欧元（约230元/吨 CO_2 当量）（肖明，2008）。

基于CDM的CER初级交易市场价格（类似于CER出厂价）相对稳定，价格在10.90

美元/吨 CO_2当量左右（约合 74 元/吨 CO_2当量），绝大部分在 8 ~ 14 美元/吨 CO_2 当量（约合 54 ~ 95 元/吨 CO_2当量）（World Bank，2007）。由于中国基于 CDM 的碳减排供给占世界 CER 总量的 52%，所以中国项目 CER 定价对世界 CER 初级市场价格有很大影响力。

以下是若干中国 CDM 项目碳减排交易实例（见表 4-27）。

（1）中国内蒙古辉腾锡勒风电项目（2004—2013 年），每年 CO_2减排量为 50000 吨，该减排量将销售给荷兰政府。2005 年在联合国气候变化框架公约执行理事会（EB）注册。CO_2减排量价格为 5.4 欧元/吨 CO_2，约合 54 元/吨 CO_2当量（中国清洁发展机制商务网，2008）。

（2）中国南钢股份 2006 年 7 月曾发布公告称，意大利碳基金将通过世界银行，分 10 年时间从公司购买约 65 万吨 CO_2 “减排量”，每吨 CO_2 排放权转让价格不低于 6.25 美元，约合 42 元/吨 CO_2当量（陈光，2008）。

（3）中国开封晋开化工有限公司（晋开公司）项目（2004—2012 年），日本三菱商事株式会社（日本三菱）将投入先进设备和技术专门用于分解其生产过程中排放的温室气体。项目建成后，日本三菱以 10.5 美元/吨 CO_2当量的价格向晋开公司购买废气，用于分解、减排，价格约合 71 元/吨 CO_2当量（中国清洁发展机制商务网，2008）。

（4）中国广州市惠景环保技术公司广州兴丰垃圾填埋场，利用甲烷发电而减少的 500 万吨二氧化碳排放权，于 2007 年卖给英国 ICECAP 公司，价格为 10 美元/吨 CO_2当量，约合 68 元/吨 CO_2当量（肖明，2008）。

（5）中国湖北宜化公司控股子公司宜昌宜化太平洋热电有限公司废热回收利用项目 2008 年 2 月在联合国注册委员会获得通过，瑞典碳资产有限公司将购买太平洋热电在 2012 年底以前的减排量，并考虑购买 2013—2017 年太平洋热电废热回收利用项目产生的所有核证的减排量，预计每年可交付减排量 19.5 万吨，价格为 10 美元/吨 CO_2当量，约合 68 元/吨 CO_2（家路美，2008）。

（6）中国国电泰州发电有限公司与雷曼兄弟商品服务公司（英国）2008 年签订了 CDM 项目减排量购买意向书，经核证减排量 73.4 万吨，减排价格为 11 欧元/吨 CO_2当量，约合 110 元/吨 CO_2当量（家路美，2008）。

表 4-27 中国 CDM 项目温室气体减排交易价格

温室气体减排量 CER 卖方	温室气体减排量 CER 买方	减排量 CER 交易量（万吨 CO_2 当量/年）	交易时间（年）	交易价格	
				交易价（每吨 CO_2 当量）	约合人民币（元/吨 CO_2 当量）
内蒙古辉腾锡勒风电项目	荷兰政府	5	2005	5.4 欧元	54
南钢股份	意大利碳基金	65	2006	6.25 美元	42

续表 4-27

温室气体减排量CER卖方	温室气体减排量CER买方	减排量CER交易量（万吨 CO_2 当量/年）	交易时间（年）	交易价格	
				交易价（每吨 CO_2 当量）	约合人民币（元/吨 CO_2 当量）
开封晋开化工有限公司	日本三菱商事株式会社	—	2006	10.5 美元	71
广州市惠景环保技术公司广州兴丰垃圾填埋场	英国ICECAP公司	500	2007	10 美元	68
湖北宜化公司控股子公司宜昌宜化太平洋热电有限公司	瑞典碳资产有限公司	19.5	2008	10 美元	68
国电泰州发电有限公司	英国雷曼兄弟商品服务公司	73.4	2008	11 欧元	110

截至2008年9月19日，中国批准了1539个CDM项目，项目中碳排放交易量达3.08亿吨 CO_2 当量/年，其中有269个CDM项目在联合国气候变化框架公约执行理事会（EB）注册，占在EB注册项目总数的23%，这些项目预计产生的 CO_2 年减排总量达1.16亿吨/年，占在EB注册的CDM项目预计年减排总量的52%（国家发改委国家气候变化对策协调小组，2008）。

欧盟范围内碳排放权交易市场碳排放权平均价格（22美元/吨 CO_2 当量）约比CDM项目碳减排交易初级市场价格（10.9美元/吨 CO_2 当量）高1倍，说明在发达国家减排温室气体的成本大大高于发展中国家。这一巨大的价格差一方面促使更多的发达国家到发展中国家开发温室气体减排投资机会；另一方面，促进形成了CDM项目碳减排交易的二级市场，投资银行、碳基金、金融公司等众多投资者投资于CDM碳减排项目，再把CER转卖给需要减排量的公司。

CDM项目碳减排交易二级市场发展很快，市场交易额从2005年的2.2亿美元猛增到2006年的4.4亿美元。目前CER交易价格在二级市场上是不断波动的。早期，每吨CER在欧盟价格平均为4~6欧元，到2006年时，市场平均价格为11欧元，2007年时平均价格为14欧元。一般地，CDM项目碳减排交易二级市场价格在14.3~19.5美元/吨 CO_2 当量（94~132元/吨 CO_2 当量）（World Bank，2007），高于初级市场4~9美元/吨 CO_2 当量（24~61元/吨 CO_2 当量）。

在存在竞争市场的情况下，温室气体减排价值可以使用市场价格，中国温室气体减排市场价格稳定在10.9美元/吨CO_2当量（74元/吨CO_2当量）左右。中国拟在北京建碳排放交易二级市场，建立二级市场并成功运行后，碳减排价格会有所提高（向国际市场价格靠拢），那时的碳减排交易价格可以作为中国温室气体减排价格的主要标杆。

4.5 生命价值参数

4.5.1 生命价值评估的必要性

有些环境污染会提高某些疾病的死亡率，流行病学研究证实SO_2和PM_{10}等常见大气污染物也会提高人群全死因死亡率（於方等，2007）。环境污染可能引起额外死亡，这就把环境影响的经济评估与生命价值联系起来。

虽然人们通常没有给人的生命一个明确的价值，但任何涉及死亡风险的私人决策或公共决策都隐含着一个人生命的价值。就私人决策（比如个人对是否接种甲肝疫苗的决定）而言，若北京市每年甲肝病死亡率为0.03%，接种甲肝疫苗可以避免感染甲肝病毒，接种费用是450元。对一般人群（即不是特殊敏感人群）而言，愿意接种的人对自己的生命估价不低于150万元；不愿接种的人对自己的生命估价不高于150万元。就公共决策而言，假如在一个有1万人的居民小区发生了丢失下水井盖现象，这使居民增加了每年一万分之一的死亡风险。如果市政部门修复井盖并加强管理，可以完全消除这一死亡风险，但修复井盖和加强行政管理的成本平均每年是2万元。市政部门如果采取上述措施，则市政决策中隐含的居民生命价值不低于2万元/人；市政部门如果不采取上述措施，则市政决策中隐含的居民生命价值不高于2万元/人。

治理环境污染的主要效益在于提高人群健康水平，降低发病率和死亡率，而治理污染是有成本的。所以，每一个治理污染决策中都隐含有人的生命价值。Houtven等（1996）分析了美国环保局不同政策中隐含的人生命价值，结果发现隐含的人生命价值在不同政策中相差很大。如根据“有毒物质控制法”（TSCA）制定的政策中隐含的每人生命价值是4500万美元（1989年美元），根据“清洁大气法”（CAA）制定的有毒物质排放标准中隐含的每人生命价值，1987年之前的标准为1500万美元（1989年美元），1987年之后的标准为2亿美元（1989年美元）。

如果明确揭示一个决策中包含的人生命价值，人们可以更明智地作出选择，并且可以与其他决策相比较；如果仍使人生命价值处于隐含状态，人们也许会作出不利于社会和自身的选择，可能在不同政策中厚此薄彼。所以，应该明确评估生命价值。

4.5.2 统计寿命价值

评估人的生命价值并不是评估一个具体的人的价值，而是评估降低一定的死亡风险的价值。而降低一定死亡风险的价值，在数学上代表了一个“统计学意义上的生命”（a statistical life）的价值，即统计寿命价值（value of a statistical life，VSL）。如果人们为降低1%的死亡概率而愿意支付1000元，则在统计学意义上每100人中每人支付1000元，共计支付 10 万元可以挽救 1 个生命，被挽救的这 1 个生命是不确定的、统计学意义上的 1 个生命，这 1 个生命的价值就是 10 万元。

统计寿命价值是降低一定死亡概率的价值，是一种用来衡量人们对微小的死亡风险变动的支付意愿的方法，可以用作评估环境或健康政策带来的社会效益，可以定义为财富和死亡风险的边际替代率（Hammitt，2005）。

深入理解统计寿命价值这个概念时，需要明确一些基本的含义。首先，统计寿命价值指死亡风险减少而带来的社会统计意义上生命挽回的效益，而不是指特定某个生命的价值；其次，死亡风险变化的量是微小的；最后，统计寿命价值不是一个不变的常量，它是财富和死亡风险的边际替代率，它因个人特征和假设条件的不同而具有差异。

以下是统计寿命价值的标准模型（Hammitt，2000；Hammitt et al，2007）：

对于财富 ω 和死亡风险 r 的预期效用可以用下式表示：

$$EU(r,\omega) = (1-r)U_a(\omega) + rU_d(\omega) \tag{4-2}$$

式中 r——个人当期的死亡风险；

ω——个人的财富；

$U_a(\omega)$——个人在存活条件下财富对他的效用；

$U_d(\omega)$——个人在死亡条件下财富对他的效用。

当 $U_a(\omega) > U_d(\omega) > 0$ 时，个人偏好存活而不是死亡，且无论是存活还是死亡偏好对财富都大于零；

当 $U'_a(\omega) > U'_d(\omega) \geqslant 0$ 时，财富增加对存活的边际效用大于对死亡的边际效用，因为存活意味着有机会通过花费来实现财富增加带来的效用增加；死亡的边际效用大于等于零，因为一个人即使死亡了，也更偏好于更多的财富；

当 $U''_a(\omega) < 0$，$U''_d(\omega) < 0$ 时，符合边际效应递减原理。

统计寿命价值也可以看作是 r 和 ω 之间的边际替代率（如图 4-7 所示），在期望效用保持不变的条件下，可以对式（4-2）求导并整理得到：

$$VSL = -\frac{d\omega}{dr} = \frac{U_a(\omega) - U_d(\omega)}{(1-r)U'_a(\omega) + rU'_d(\omega)} > 0 \tag{4-3}$$

从这个公式可以看出，不同的个体会有不同的统计寿命价值，统计寿命价值不是一个不变的常量，因为统计寿命价值的确定取决于死亡风险、财富、财富的存活效用函数和财富的死亡效用函数，同时统计寿命价值还受一些其他因素影响，如收入、预期寿命、健康状况等。

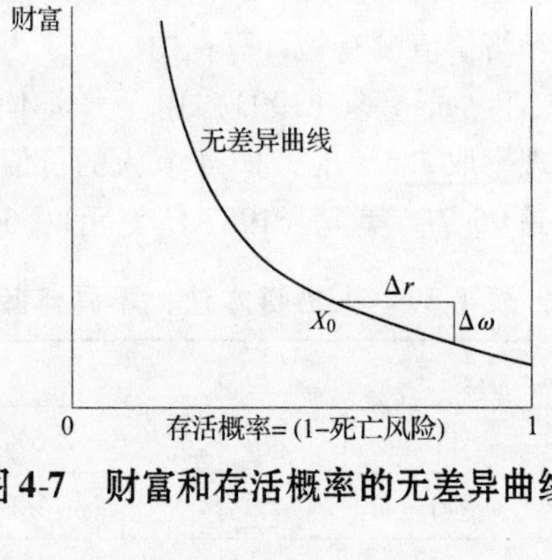

图 4-7 财富和存活概率的无差异曲线

4.5.3 统计寿命价值的评估方法

统计寿命价值的评估方法有两类，一类是人力资本法（human capital method），通过收入的直接损失来衡量，计算由于污染导致过早死亡造成的劳动力收入损失；另一类方法是人们对避免死亡风险的支付意愿调查（willingness to pay，WTP），支付意愿调查又可分为两类，一类是揭示偏好法（revealed preference study），另一类是陈述偏好法（stated preference study）。揭示偏好法又可分为工资隐含价格法和防护费用法，以工资隐含价格法为主。

人力资本法是早期评估生命价值采用的方法，而现在评估统计寿命价值的常用方法是揭示偏好法和陈述偏好法。

Johannesson 等（1995）综合分析了人的统计寿命价值评估研究，发现工资隐含价格法和陈述偏好法的估值结果很接近，而防护费用法结果偏低（见表 4-28），比较集中合理的结果是每个统计生命（美国）价值为 300 万 ~ 700 万美元（1990 年的美元）。Fisher（1989）的类似研究也发现工资隐含价格法和陈述偏好法会产生相近结果，防护费用法结果普遍偏低，认为比较合理的估计是每个统计生命（美国）价值为 160 万 ~ 850 万美元（1986 年美元）。目前在应用研究中，美国环保局以 340 万美元（1990 年美元）作为生命价值参数（见表 4-28）。

表 4-28　生命价值研究结果（美国）

研 究 方 法	生命价值（万美元，1990 年）
工资隐含价格法	60 ~ 1620
陈述偏好法	10 ~ 1560
防护费用法	4 ~ 400
最佳估计（综合）	300 ~ 700

资料来源：Valuing changes in health：theoretical and empirical issues（Johannesson，1995）。

1. 人力资本法

人力资本法以未来工资收入（贴现后）来衡量人的价值，所以不同年龄人的价值是不同的，同时这一价值受贴现率影响很大，这类方法有两方面的缺陷：一是没有涵盖个人和家庭的精神损失，从而人力资本法通常是生命价值的保守估计；二是非劳动力市场人群的经济价值没有被计算在内，如老人和儿童的效用损失。

Freeman 等（1993）用人力资本法计算了不同年龄美国男性的价值（见表 4-29）。当贴现率取 2.5% 时，1 ~ 4 岁人的价值约是 76.1 万美元（1987 年美元），20 ~ 24 岁人的价值是 96.7 万美元（1987 年美元），64 ~ 69 岁人的价值是 4.8 万美元（1987 年美元）。

表 4-29　人力资本法：不同年龄（美国男性）人的生命价值（万美元，1987 年）

年龄组	贴 现 率		
	2.5%	6%	10%
1 ~ 4	76.1	20.5	6.0
20 ~ 24	96.7	53.5	32.0
40 ~ 44	62.2	45.5	33.8
64 ~ 69	4.8	4.1	3.5

资料来源：Freeman A. M. Ⅲ，1993。

在中国的环境影响经济评价中，大部分评价者仍多使用（改进的）人力资本法来评估生命价值（赵越，2007；World Bank，2007）。赵越（2007）用地区人均 GDP 来衡量一个人一年的生命价值，计算出呼吸道疾病导致的北京人群死亡损失为 62.67 万元/人（2004 年）。

2. 揭示偏好法

揭示偏好法基于人们在真实市场的行为选择对消费者效用和偏好进行研究，如就业市场上人们对工作风险和工资收入权衡的研究，人们利用一些防护措施可以降低死亡风险（如汽车安全带、空气净化器）的消费行为。Viscusi（2003）综述了美国劳动力市场的大量揭示偏好法研究，认为美国人的统计寿命价值为 400 万～900 万美元。揭示偏好法研究人们接受一个高风险行业工作时工资的边际增加量，也有部分研究通过分析消费者对商品（如汽车安全带、空气净化器）的选择和使用来估计统计寿命价值。

揭示偏好法可以分为两类方法，一是工资隐含价格法（Hedonic Wage Study），二是防护费用法。防护费用法利用一些防护措施可以降低死亡风险（如汽车安全带、空气净化器）的消费行为，根据防护费用所能购买的风险降低可以求出统计生命价值。实际应用较多的是工资隐含价格法，接下来重点研究下工资隐含价格法。

工资隐含价格法利用劳动力市场中死亡风险大的职业工资高（其他条件相同时）的现象，经过回归分析控制其他变量，找出工资差别的风险原因，估算统计寿命价值。尽管这个方法相比陈述偏好法更为可信，但是它也有两个局限性：一是工资差别依靠统计数据推测而不是直接观测得到，二是统计寿命价值的得出假定研究者对工作死亡风险的估测符合劳动者的死亡风险认知。

利用工资隐含价格法估算统计寿命价值有很多文献，并且有很多学者都对此作了 meta 分析，每个 meta 分析都包括 30～40 个工资隐含价格法的研究，最后估算出美国人统计寿命价值在 200 万～1110 万美元之间（2009 年的美元），遗憾的是，最新的 meta 分析文献时期是到 2004 年，最近几年很多统计寿命价值的研究普遍运用陈述偏好法。表 4-30 是美国关于工资隐含价格法估测统计寿命价值的文献的 meta 分析汇总表。

表 4-30　美国统计寿命价值工资隐含价格法 meta 分析汇总表

Meta 分析	研究时期	统计寿命价值	
		根据报道（美元，以括号中年份计）	折合 2009 年美元
Miller（2000）	1974—1990	370 万（1995 年）	520 万
Mrozek et al（2002）	1974—1995	150 万～250 万（1998 年）	200 万～330 万
Viscusi et al（2003）	1974—2000	550 万～760 万（2000 年）	690 万～950 万
Kochi et al（2006）	1974—2002	890 万（2000 年）	1110 万
Bellavance et al（2009）	1974—2004	586 万（2000 年）	730 万

3. 陈述偏好法

陈述偏好法在模拟市场中直接求出人们对风险降低的支付意愿，通常采用条件价值评估方法（contingent valuation，CV），通过假设情景下人们对特定死亡风险（Δr）的支付意愿（WTP），计算统计寿命价值 $VSL = WTP / \Delta r$。陈述偏好法最大的优势在于研究对象和风险情景设计的灵活性（Alberini，2007），“高质量”的陈述偏好法研究需要在问卷设计、样本选择和获取受访者有效回答等方面进行精心的设计和实践。

陈述偏好法的使用非常灵活，被访者能够在设计好的多种假设情景中进行选择，但被访者可能对假设情境并不理解，或者并没有充分的动机给出完整的答案，从而可能对情景的非核心部分（如问题顺序、所表述风险的形式）具有明显的敏感性，而对核心部分却并不敏感（如对所支付的风险水平变化）。对统计寿命价值的估计，支付意愿是否对风险微小减小量具有敏感差异非常重要，因为统计寿命价值的估值结果（支付意愿/风险减小量）依赖于问卷中风险变化水平的设计。

理论上支付意愿大小应该与风险的变化量同比变化，从而统计寿命价值与风险水平变化程度不相关。但为数不多的研究检验了支付意愿敏感性，并发现支付意愿变化通常比风险变化量的比例要小得多，甚至与风险变化水平不相关（Hammitt，1999）。

条件价值评估方法中支付意愿对风险变化量没有足够敏感性的原因可能有以下几个方面（Kahneman，1973；Whittington et al，1990）：①受访者没有充分感知风险变化量。心理学的研究表明人们对不同的数量级上的差异感知具有局限性；②受访者可能并不能很好地理解和对待设计的情景和风险变化，而是根据自己的经验，结合问卷中的信息进行先入为主的整合加工；③受访者可能不会按照与期望效用理论一致的方式来评估风险变化的价值。

为了更好地评估统计寿命价值，增加调查的敏感性，我们需要精心设计问卷，精心选择样本以获取受访者有效的回答，谢旭轩（2011）运用与条件价值评估方法不同的选择实验方法，借助可视化效果呈现健康风险的相对大小，帮助受访者在多个健康效益情景之间进行类似市场行为的选择，间接揭示了人们的风险偏好和对健康效益的支付意愿，并获得了统计寿命价值和统计疾病成本。

在过去的 10 年，陈述偏好法估算统计寿命价值的案例文献显著增加，我们需要对陈述偏好法做新的单独的 meta 分析，表 4-31 是关于美国统计寿命价值陈述偏好法 meta 分析汇总表，最后估算出美国人统计寿命价值在 200 万 ~ 800 万美元之间（2009 年的美元）。

表 4-31 美国统计寿命价值陈述偏好法 meta 分析汇总表

Meta 分析	研究时期（分析的案例文献数量）	统计寿命价值	
		根据报道（美元，以括号中年份计）	折合 2009 年的美元
Kochi et al（2006）	1988—2002（14）	280 万（2000 年）	350 万
Dekker et al（2011）	1983—2008（26）	240 万 ~ 750 万（2004 年）	270 万 ~ 850 万
Lindhjem et al（2010）	1973—2008（68）	290 万（2005 年）	320 万

4.5.4 生命价值研究案例（中国）

世界银行（1997）在其《碧水蓝天：展望21世纪的中国环境》中估算环境污染损害时，使用的中国人生命价值为城市人口6万美元（1997年），农村人口3.18万美元（1997年）。

近些年中外学者使用陈述偏好法的条件价值评估方法对中国人统计寿命价值作了评估，评估结果在100万元/人（2007年）左右，见表4-32。

表4-32 生命价值研究结果（中国）

研究文献	生命价值（万元）
Wang and Mullahy（2006）	30~125
张晓（2002）	24~170
Hammitt and Zhou（2005）	26~51
Fredrik et al（2010）	140
最佳估计值	100

资料来源：World Bank（2007）。

对中国的统计寿命价值评估的最新研究成果是Fredrik et al（2010）关于中国死亡风险降低的支付意愿调查，研究和环境污染相关的死亡风险降低的支付意愿调查，选取上海、九江和南宁三个典型的城市进行调研，运用陈述偏好法调查受访者对近期和远期死亡风险降低的支付意愿，采用条件价值评估方法，最后估算出在万分之五的死亡风险降低程度下的统计寿命价值是149万元（43万美元购买力平价折算）。该条件价值评估方法使用了类似支付卡（payment card）的方法，让受访者面对笔记本电脑上的价格显示（payment screen）进行的选择。该研究分析了受访者对近期和远期死亡风险的支付偏好，结果发现中国人的时间偏好不强烈，即短期风险和未来风险的支付偏好无显著差异，这与其他国家的研究结果不同。对年龄和收入因素的分析发现，中国人对健康的支付意愿存在“老年贴现”（senior discount），即老年人对健康风险的支付意愿显著较低，收入弹性结果则介于0.2~0.25之间。数据通过了外部检验，对不同程度的风险降低支付意愿存在显著差异。该研究的一个优势是同时估计了短期（下一年），中期（未来10年）和长期（受访者到达70~80岁的时候）的死亡风险，不同统计寿命价值可以用于政策和项目（如环境政策）短期和长期效益的评估。

4.6 成果参照参数

成果参照法是建设项目环境影响经济评价中最常使用的一种方法。成果参照法中涉及一些参数的选用。

成果参照法应尽量使用国内的已有研究成果，但当国内的研究成果无法满足成果参照要求时，也可以使用国外研究成果。

4.6.1 时间价值调整

使用国内研究成果进行估值结果成果参照时，需要调整货币的时间价值，也就是需要把过去的币值调整为目前项目评估年的币值。一般使用消费者价格指数（CPI）来调整。据中国统计年鉴，中国的消费者价格指数见表4-33。

表4-33 中国消费者价格指数（以1978年为100）

年 份	消费者价格指数	年 份	消费者价格指数
1978	100.0	1998	438.4
1980	109.5	1999	432.2
1985	131.1	2000	434.0
1990	216.4	2001	437.0
1991	223.8	2002	433.5
1992	238.1	2003	438.7
1993	273.1	2004	455.8
1994	339.0	2005	464.0
1995	396.9	2006	471.0
1996	429.9	2007	493.6
1997	441.9		

资料来源：《中国统计年鉴2007》。

如果参照用2002年元表示的研究估值结果用于2007年的项目评估，则需要将该估值结果乘以系数1.14（2007年的价格指数493.6/2002年的价格指数433.5）。表4-34为中国以往各年估值调整为2007年元的调整系数

表4-34 中国以往各年估值调整为2007年元的调整系数

年 份	调整系数	年 份	调整系数
1978	4.94	1998	1.13
1980	4.51	1999	1.14
1985	3.77	2000	1.14
1990	2.28	2001	1.13
1991	2.21	2002	1.14
1992	2.07	2003	1.13
1993	1.81	2004	1.08
1994	1.46	2005	1.06
1995	1.24	2006	1.05
1996	1.15	2007	1.00
1997	1.12		

资料来源：据各年CPI计算而得。

由于参照已有景观游憩价值研究的估值结果是以每人次为单位的（即每人次消费者剩余加门票），所以参照以前估值结果，并不需要考虑景观游憩价值随人们收入增长而增加这一情况。随着人们收入水平的增长，会有更多的人游览景观，这会增加景观的游憩价值总值，但人均消费者剩余的变化很小，因为有更多的人成为游客，拉低了原有游客人均消费者剩余的增长。

使用国外研究成果进行估值结果成果参照时，需要作两个调整，即除了需要调整货币的时间单位外，还需要根据中外收入差距来调整估值结果。因为收入水平表明了支付能力，以支付意愿（WTP）来衡量的环境价值受支付能力的限制。虽然收入水平或经济发展水平与环境价值之间的关系不是线性的，但我们可以近似地以线性关系来调整不同经济发展水平国家的环境估值结果，这样的调整比不调整所造成的偏差要小得多。

使用国外研究成果时的时间调整，需要使用研究国家的消费者价格指数来调整。美国有大量的环境价值评估研究案例，如果使用美国的研究成果，就需要使用美国的消费者价格指数来调整环境估值的时间价值（见表4-35和表4-36）。

表4-35 美国消费者价格指数（以1982—1984年为100）

年　份	CPI	年　份	CPI
1978	65.2	1998	163.0
1980	82.4	1999	166.6
1985	107.6	2000	172.2
1990	130.7	2001	177.1
1991	136.2	2002	179.9
1992	140.3	2003	184.0
1993	144.5	2004	188.9
1994	148.2	2005	195.3
1995	152.4	2006	201.6
1996	156.9	2007	207.3
1997	160.5		

资料来源：US Department of Labor，2008，ftp://ftp.bls.gov/pub/special.requests/cpi/cpiai.txt。

表4-36 美国以往各年估值调整为2007年元的调整系数

年　份	调整系数	年　份	调整系数
1978	3.18	1993	1.43
1980	2.52	1994	1.40
1985	1.93	1995	1.36
1990	1.59	1996	1.32
1991	1.52	1997	1.29
1992	1.48	1998	1.27

续表 4-36

年　份	调整系数	年　份	调整系数
1999	1. 24	2004	1. 10
2000	1. 20	2005	1. 06
2001	1. 17	2006	1. 03
2002	1. 15	2007	1. 00
2003	1. 13		

注：据美国 CPI 计算而得。

4. 6. 2　收入差距调整

国家之间的收入差距可以用多种宏观经济指标来根据衡量，如人均 GDP、人均国民总收入（GNI）、人均可支配收入等。各指标衡量出的收入差距基本一致。这里根据数据的可得性，选取人均 GDP 从宏观上衡量国家之间的收入差距。据世界银行 2008 年发布的 *World Development Indicators* 2008，中国 2005 年人均 GDP 经购买力平价（PPP）调整后为 4088 美元/人，同期美国人均 GDP 为 41813 美元/人，中国人均 GDP 是美国的 9. 8%，大约 10%。中国对美国等国家的收入差距调整系数见表 4-37。

表 4-37　收入差距调整系数

参照数据来源国	美国	加拿大	澳大利亚	英国	德国
调整系数（%）	9. 8	11. 7	12. 0	13. 0	13. 4

注：据 *World Development Indicators* 2008 计算而得。

4. 7　其他价值参数

4. 7. 1　水污染参数研究

水污染是建设项目环境影响的重要方面之一。2006 年由国家环保总局和国家统计局联合进行的我国绿色 GDP 核算表明，2004 年我国水污染造成的环境退化成本为 2862 亿元，占总环境退化成本的 56%（国家环保总局等，2006）。2007 年世界银行与中国合作研究“中国环境污染损失”报告表明，2003 年我国大气污染和水污染造成的损失为 7810 亿元，其中水污染损失为 2610 亿元，占水、气污染损失和的 33%（World Bank，2007）。

水污染损害价值比较难以估算，因为水污染种类繁多，水污染物众多。《地表水环境质量标准》GB 3838—2002 列出了 24 个基本污染项。化工厂废水含有苯类等有机废物，镉、砷等重金属；畜禽场废水含有氮、磷等富营养化物质；油气开发加工废水含有石油类污染物等。每个建设项目排放的污水，其污染物组成、污染物去向、污染受体等几乎与其他建设项目都不相同，这增加了价值评估的难度。

但是鉴于水污染是建设项目的主要环境影响之一，有必要就主要类型废水排放造成的损失进行价值评估测算，为环境影响经济评价提供支持。

4.7.2 健康损害参数研究

环境污染造成的全部损害中，污染对人群的健康损害占70%以上（Lave，1970；世界银行，1997），如引起疾病和死亡，其余为生产损失等。如果测算出健康损害参数，如各种疾病门诊、住院的人次费用、误工费用等，则为估算环境污染造成的健康影响提供了条件。

世界银行2007年“Cost of pollution in China：economic estimates of physical damages”报告中使用的健康损害单位价值如表4-38所示，1997年“碧水蓝天：展望21世纪的中国环境”中使用的健康损害单位价值如表4-39所示。

表4-38 中国住院医疗成本（2003年）（元/病例）

住院原因	直接费用+间接费用			间接费用
	大城市	中等城市	小城市	
呼吸系统疾病	8474	5071	2593	514
心血管疾病	12326	8506	6028	514

资料来源：World Bank，2007。

表4-39 中国健康损害单位价值（2007年人民币，元）

健康损害	城市地区		农村地区	
	支付意愿法	人力资本法 医疗费用法	支付意愿法	人力资本法 医疗费用法
死亡（人）	554400	82883	293481	43872
呼吸道疾病门诊RHA（例）	2624	2624	1387	1387
急救病例（例）	213	213	111	111
受限制活动天数（天）	21	21	11	11
下呼吸道感染/儿童气喘病（例）	120	120	65	65
气喘病（例）	37	37	37	37
慢性支气管炎（例）	73920	73920	39132	5849
呼吸道疾病症状（例）	6	6	6	3

资料来源：世界银行，1997。

健康损害参数有两种基本的测算方法。第一种是根据门诊、住院医疗费用，如表4-38

所示。采用这种方法，需要调查门诊和住院的医疗费用、误工费用、陪护费用等。第二种是根据计算或意愿调查，估算出人们为避免某个疾病的支付意愿，如表 4-39 所示。

基于医疗费用的方法评估起来相对简单容易，结果确定性大，但是结果有系统偏差（偏低），因为染病的成本不仅是增加了医疗费用，而且增加了痛苦。染病使人们福利水平的下降不仅表现在增加医疗费用，而且表现在增加痛苦。

基于意愿调查的方法评估起来相对困难，结果有一定的不确定性，但是估值结果没有系统偏差，理论上捕捉到了福利水平下降的两个方面。

4.7.3 PM_{10}污染剂量反应关系

在大气污染物中，随着 SO_2污染控制力度加大，污染逐步得到控制，其他主要污染物如 PM_{10}和 NO_x的污染问题逐渐突出。2004 年 342 个城市大气质量监测结果显示，53% 的城市年均 PM_{10}或 TSP 的浓度超过国家二级空气质量标准（於方等，2007），PM_{10}已经成为我国最重要的大气污染物之一，PM_{10}也正取代 TSP 成为我国常规大气污染监测项目。

世界银行在其中国污染损失评估研究中（World Bank，2007）认为 PM_{10}是其他有毒有害大气污染物的重要介质，所以只评估 PM_{10}的损害价值，并作为大气污染的损害价值。

由于 PM_{10}是最近才成为我国大气最重要的污染物之一的，所以过去对 PM_{10}污染健康危害的剂量反应关系研究不如对 SO_2研究得多。Aunan（2004）和于剑等（2004）综述了已有 PM_{10}污染剂量反应研究，见表 4-40。

表 4-40 在中国进行的大气 PM_{10}污染对健康的剂量反应关系研究

污染的健康影响	剂量反应关系系数（%）	标准误	研究文献来源
人群全死因死亡率	0.046	0.017	Jin et al，1999（TSP）
	0.028	0.009	Xu et al，2000（TSP）
	0.038	0.017	Cropper et al，1997（TSP）
	0.030	0.010	Kan et al，2003（PM_{10}）
人群心血管疾病死亡率	0.128	0.053	Jin et al，1999（TSP）
	0.040	0.015	Kan et al，2003（PM_{10}）
	0.036	0.013	Xu et al，2000（TSP）
	0.072	0.055	Cropper et al，1997（TSP）
人群呼吸系统疾病死亡率	0.359	0.127	Jin et al，1999（TSP）
	0.052	0.143	Cropper et al，1997（TSP）
	0.094	0.053	Wong et al，2001（PM_{10}）
	0.060	0.035	Kan et al，2003（PM_{10}）
	0.302	0.199	Xu Xiping et al，1994（TSP）
	0.043	0.027	Xu Z et al，2000（TSP）

续表 4-40

污染的健康影响	剂量反应关系系数（%）	标准误	研究文献来源
人群心血管疾病住院人次	0.060	0.025	Wong TW et al, 1999（PM_{10}）
	0.070	0.020	Wong CM et al, 2002（PM_{10}）
人群呼吸系统疾病住院人次	0.159	0.030	Wong TW et al, 1999（PM_{10}）
	0.100	0.025	Wong CM et al, 2002（PM_{10}）
人群慢性呼吸系统疾病发病（成人）	0.299	0.014	Zhang et al, 1999（TSP）
	0.648	0.129	Xu and Wang, 1993（TSP）
	0.461	0.050	Jin et al，2000（TSP）
	0.725	0.370	Xiao et al，1990（TSP）
人群慢性呼吸系统疾病发病（儿童）	0.362	0.017	Qian et al，2000（TSP）
	0.969	0.045	Qian et al，2004（PM_{10}）

资料来源：Aunan（2004）和于剑等（2004）。

4.7.4 参数其他方面研究

除上述所有参数以外，为做好环境影响经济评价工作，推动环境影响经济评价的行业发展，还需尽快开展以下几方面重要环境影响参数的研究：

（1）大气 NO_x 污染的剂量反应函数关系以及损害价值。随着机动车量的增加，北京等大城市 NO_x 污染正成为城市大气污染的主要特征。NO_x 污染比 SO_2 污染更难以控制和治理。

（2）生物多样性价值。水利水电、油气田开发、高速公路等建设项目可能影响生物栖息环境，降低生物多样性，这是项目造成的生态影响。国外对生物多样性损害的价值评估有较多的研究，而国内研究较少，很难指导项目环境影响经济评价。

（3）成果参照数据库建设。环境影响经济评价最常用的评估方法是成果参照法，成果参照法依赖于完备的成果数据库。数据库把中外学者在中国进行的环境价值评估研究（使用初始的估值方法）进行系统的整理，按研究区位及其社会经济特征、研究方法、估值对象等字段析解成一个数据库。不断更新的数据库，是评价人员使用成果参照法的最有力工具。加拿大环境署资助建立了一个成果参照数据库 EVRI，美国环保局和农业部林业局资助建立了一个户外游憩成果参照数据库，这些为本国项目和政策的环境影响经济评价提供了基础性的支持。

（4）环境风险参数研究。我国进入环境事故频发期，建设项目的环境事故风险，如管道破裂导致危险品泄漏、道路运输导致剧毒化学品倾覆、机械故障导致污水直接外排等，给社会造成巨大的经济社会影响。恰当地评估环境风险，测定参数，有助于环境影响经济评价。

（5）资源价值参数研究。资源往往具有不可再生性，环境影响的价值往往也和资源的价值紧密相关，需要对资源的真实价值进行深入研究。

4.8 参数估算案例

4.8.1 案例一：山东省环境污染影响经济评价主要参数测算

本案例讨论山东省环境污染影响经济评价主要参数测算的问题，引自姜涛（2007）。

1. 采用的测算技术方法介绍

（1）大气污染损失。

①人体健康损失。采用的方法是人力资本法，即：

$$S_p\ [P_p\sum T_iL_i+\sum Y_iL_i+P_p\sum H_iL_i+P_p\sum W_iL_{0i}]\ M \tag{4-4}$$

式中 S_p——人体健康损失（亿元）；

P_p——人力资本［元/（年·人）］；

M——污染区的人口数（万人）；

T_i——i 种疾病患者人均丧失的劳动时间（年）；

Y_i——i 种疾病患者的平均医疗费用（元/人）；

H_i——i 种疾病患者陪床人员的平均误工（年）；

W_i——i 种疾病患者死亡的工作年损失（年）；

L_i——污染区和清洁区 i 种疾病的发病率差值；

L_{0i}——污染区和清洁区 i 种疾病的死亡率差值（$1/10^5$）。

②农业损失。大气污染对农业的损害以 SO_2 和酸雨为主，主要表现为粮食、蔬菜、经济作物等的减产降质。本案例主要计算农作物在长期中低浓度作用下的减产损失。采用的方法是市场价值法：

$$W_A=Q_AR_A/(1-R_A)\ \times P_A \tag{4-5}$$

式中 Q_A——受污染时某作物的实际年产量（万吨）；

R_A——在某 SO_2 浓度或酸雨 pH 值影响下某作物的减产率（%）；

P_A——某作物的收购价格（元/kg）。

③森林损失。本案例主要研究酸雨对林木造成的损失。酸雨对森林的危害包括生物量、材积生产量的减少以及森林纳污、净化等生态功能的降低。由于缺少生物量及生态功能的相关数据，这里只计算材积生产量的减产损失。

材积生产量的减产率与降水的 pH 值有关系，减产率由插值法计算得出，损失计算采用的是市场价值法：

$$W_F=\frac{Q_FR_F}{1-R_F}\times K\times P_F \tag{4-6}$$

式中 Q_F——受污染时林木的实际蓄积量（万 m^3）；

R_F——在酸雨 pH 值影响下森林的减产率（%）；

K——由林木蓄积量到材积生产的调整系数；

P_F——原木的市场价格（元/m^3）。

④材料损失。酸雨对暴露在户外的材料，尤其是金属材料具有很大的腐蚀性，从而降低了材料的使用寿命。这里核算的是酸雨对建筑材料和自行车造成的损失，计算材料损失时使用的公式为：

$$C_p = (1/L_p - 1/L_0)\ C_0 \tag{4-7}$$

式中 C_p——每年酸雨对材料造成的损失（亿元）；

C_0——材料一次维修或更换的总费用（元），C_0 = 材料数量 × 维修或更换单价；

L_p——酸雨条件下材料的使用寿命（即维修或更换的周期）（年）；

L_0——无酸雨条件下材料的使用寿命（年）。

其中，材料使用寿命的计算公式，是根据各种材料的损伤函数和公式得出：

$$L = CDL/Y \tag{4-8}$$

式中 L——材料的使用寿命（年）；

CDL——材料的临界损失阈值（μm）；

Y——材料的腐蚀速率（μm/年）。

根据式（4-8），可以计算出 SO_2 环境浓度为二级标准，在不同 pH 值区间取其中值时各种材料的使用寿命。

若知道建筑物的建筑系数，可以求得城镇以及农村总的砂浆灰水和门窗漆的面积，以及城镇和农村的人均居住面积，以及酸雨区的人口数相乘可得总建筑面积。

自行车数由每百人拥有的自行车数与酸雨区人口数相乘获得。

综上所述，大气污染造成的总损失为人体健康损失、农业损失、森林损失和材料损失之和，用公式表示为：

$$V_A = S_P + W_A + W_F + C_P \tag{4-9}$$

上式中，单位是亿元。

（2）水污染损失。

①人体健康损失。水体污染对人体健康造成的损失使用的方法同大气对人体健康损失一样，也采用人力资本法。

②污灌造成的农作物损失。利用污水灌溉农田历史悠久，但是盲目的污灌，会造成农田土壤污染，镉、铅、铬、铜等重金属蓄积量成倍增加，计算污灌造成的农作物损失使用的是市场价值法：

$$D_A = \sum_{i=1}^{n} [S_iQ_ix_ip_i + S_iQ_i\ (1-x_i)\ y_ip_i] \tag{4-10}$$

式中 D_A——污灌造成的农作物损失（万元）；

S_i——i 种农作物的污灌面积（万 hm^2）；

Q_i——清灌区 i 种农作物的单产（kg/hm^2）；

x_i——i 种农作物由于污灌造成的减产率（%）；

y_i——i 种农作物由于污灌品质下降造成的市场价格的下降幅度（%）；

p_i——i 种农作物的收购价格（元/kg）；

i——农作物的种类。

③工业损失。工业损失主要是指由于使用不达标的水而使工业品质量降低所造成的损失，该损失可通过充分的水处理措施来防止，即采用防护费用法来计算。由于地下水的工业用水对工业生产的影响并不明显，因此只考虑地表水造成的工业损失。假定全部工业用水均受到污染且为劣Ⅴ类，劣Ⅴ类水经过二级处理后，能达到工业用水要求，相当于Ⅳ类水质，再由工业用水量可求得水处理成本，用公式表示为：

$$W_1 = Q_1 \times P_1 \tag{4-11}$$

式中 W_1——使用污水的工业损失（亿元）；

Q_1——工业用水量（亿 m^3）；

P_1——水处理成本（元/m^3）。

④ 生活用水损失。由于水质污染，不能满足生活用水的水质要求，因而就会增加水质净化和处理成本。按每吨水增加的净化和处理成本计算，再根据生活用水量可求得这一部分损失。用公式表示为：

$$W_W = Q_W \times P_W \tag{4-12}$$

式中 W_W——生活用水损失（亿元）；

Q_W——生活用水量（亿 m^3）；

P_W——每吨水的水质净化成本（元/m^3）。

⑤ 渔业损失。渔业用水功能区水质不符合用水要求，水的污染会使淡水渔业资源的产量降低，但这一部分损失量无法直接获得，因此，这里通过类比其他研究成果即成果参照法来计算。一种方法是通过渔业损失占渔业总产值的比例推出，根据污染的程度确定渔业损失的比例；另一种方法是通过减产率计算出水产品的减产量，再由市场价值法计算出损失。取二者的均值作为渔业损失。

综上所述，水污染造成的总损失为人体健康损失、农作物损失、工业损失、生活用水损失和渔业损失之和，用公式表示为：

$$V_W = S_P + D_A + W_1 + W_W \tag{4-13}$$

上式中，单位是亿元。

(3) 固体废物污染损失。

固体废物主要包括生活垃圾和工业固体废物（含医疗垃圾等危险废物）。工业固体废物主要有粉煤灰、炉渣、煤矸石，冶炼废渣等，主要处理处置方式有综合利用（如填沟、填坑、用作建筑材料等）和堆存。生活垃圾含有煤灰、金属、砖瓦、玻璃等无机成分和塑料、纸、织物等有机成分，生活垃圾的处理处置方式有堆肥、焚烧和填埋。

固体废物的堆存和处理处置方式的不妥当会对环境造成污染，如粉煤灰扬尘对农作物和人体健康的影响、垃圾渗出液对地下水的污染、恶臭对大气环境和人体健康造成的危害等。由于数据的局限性，在这里仅计算工业固体废物堆存造成的直接经济损失和占地损失。

① 堆存直接经济损失。堆存直接经济损失包括为堆存而修建灰场、尾矿坝的投资以及附属的处置废物的装置、设备费，修缮设备费用，交通运输、人工管理费用等，采用市场价值法进行计算。计算公式为：

$$E_1 = \sum K_i W_i \tag{4-14}$$

式中　E_1——固体废物污染的直接损失（万元）；

i——固体废物的种类；

K_i——i 种固体废物的堆存损失系数（元/吨）；

W_i——i 种固体废物的堆存量（万吨）。

② 占地损失。粉煤灰、尾矿等固体废物的堆存会占用土地，使土地丧失其功能而引起损失，采用机会成本法进行计算，即假定这些土地都能用于种植粮食、蔬菜等农作物，用其获得的收益来代表固体废物堆放造成的占地损失。计算公式为：

$$E_2 = \sum A_i S_i W_i \tag{4-15}$$

式中　E_2——占用土地的经济损失（万元）；

i——固体废物种类；

A_i——i 种固体废物所占土地种植农作物的经济价值系数（元/m^2）；

S_i——i 种固体废物的占地系数（m^2/吨）；

W_i——i 种固体废物的堆存量（万吨）。

综上所述，固体废物污染造成的总损失为堆存损失和占地损失之和，用公式表示为：

$$V_S = E_1 + E_2 \tag{4-16}$$

上式中，单位是亿元。

2. 对山东省环境污染影响经济损失的参数估算与分析

（1）大气污染损失。

山东省主要的大气污染物为 SO_2 和 PM_{10}，属煤烟型污染。另外，山东半岛也是我国长江以北的一个独立的酸雨区，主要在胶东半岛的青岛和潍坊附近，这与当地的 SO_2 排放量有关。另一方面，它们濒临海洋，海洋性潮湿气候提供了产生酸雨的温床。2002 年和 2004 年青岛降水的 pH 年均值均小于 5.6，因此酸雨污染以青岛为主。

在山东省 17 地市中，威海、日照历年的大气环境质量均符合《环境空气质量标准》GB 3095—96 中二级标准，济南、淄博、德州、菏泽、临沂的大气污染较为严重，多年超过了三级标准，其他城市的大气环境质量一般在二级和三级标准之间变动。由此确定威海、日照为清洁区，其他城市为污染区。由于数据方面的限制，本案例仅估算山东省 2000—2005 年大气污染对人体健康、农业、森林、材料造成的损失，由于污染物对人体健康的损害在城镇地区表现比较明显，因此计算该损失时，主要考虑污染区的城镇地区。

①人体健康损失。大气污染（主要是 SO_2 和 PM_{10}）对人体健康的危害主要表现为呼吸道疾病患病率和死亡率的增加。人体健康损失与污染物的浓度有很大关系，如新加坡大气中 PM_{10} 平均浓度为 34.4μg/m^3 时健康损失为 36.62 亿元，占 GDP 的 4.31%，当 PM_{10} 下降 9.7μg/m^3 时，健康损失减少 10.34 亿元，本案例没有足够的数据建立大气污染物与呼吸道疾病的剂量－反应关系模型，只能简单地通过污染区与清洁区的对比，粗略地反映大气污染导致的患病情况，其前提是假设污染区与清洁区除所考虑的污染因子的浓度不同外，其他因素均相同。依据各种疾病与大气污染的密切程度，本案例主要考虑慢性支气管炎、肺心病、肺气肿的发病和肺癌引起的死亡所造成的损失。采用的方法是人力资本法，计算方法见公式（4-4）。

人力资本用在岗职工平均工资表示，各种疾病的发病率、住院时间、费用借鉴了国家卫生部1999年7月公布的第二次（1998）国家卫生服务调查分析报告以及青岛、杭州、温州等地的调查结果。患病丧失的劳动时间是指患者用于住院、疗养等花费的时间，对于肺癌患者并不包括由于死亡而丧失的劳动时间。本案例参考过孝民（1990）典型调查的结果。之所以借鉴这些调查结果，是因为其调查范围的污染水平与山东省污染区的水平比较类似，过孝民（1990）也是针对 SO_2 日均浓度超过二级标准的地区进行的调查，虽然在医疗水平、消费水平等方面存在差异，但由于考虑的是污染区的平均水平，因而对结果的影响不大。

肺癌的死亡率可由山东省疾病预防控制中心获得，将威海市乳山县监测点的数据作为清洁区的死亡率，污染区的死亡率以全省的平均值代替。早死造成的工作年损失以工作到60岁为标准，主要考虑15~59岁之间各年龄段的人由于肺癌早死而损失的工作年限。式（4-4）中各种参数的取值见表4-41。

表4-41　人体健康损失中各参数的取值

疾病类型	发病率差值（%）	死亡率差值（$1/10^5$）	患者丧失劳动时间（年）	死亡工作年损失（年）	人均住院时间（年）	人均住院费用（元）
慢性支气管炎	1	—	1	—	0.075	5695
肺心病	0.61	—	2	—	0.07	9260
肺气肿	0.55	—	0.04（最小值）	—	0.04	5720
肺癌（2000年）	—	5.26	1	12926.71	0.2	15000
肺癌（2001年）	—	5.12	1	13136.19	0.2	15000
肺癌（2002年）	—	13.15	1	35311.31	0.2	15000
肺癌（2003年）	—	15.21	1	44004.61	0.2	15000
肺癌（2004年）	—	16.14	1	48628.60	0.2	15000
肺癌（2005年）	—	17.54	1	52942.96	0.2	15000

由此可得山东省2000—2005年大气污染对人体健康造成的损失，见表4-42。其中患者陪床人员数按病人、陪床人员1∶1计，以平均住院时间代表陪床人员的平均误工时间。

表 4-42 大气污染对人体健康造成的损失

年份	在岗职工平均工资[(元/(年·人)]	污染区人口数(万人)	医疗护理费用(亿元)	陪床人员务工损失(亿元)	患者丧失劳动时间损失(亿元)	提前死亡损失(亿元)	合计(亿元)
2000	8772	2252.57	32.82	2.78	44.40	1.13	81.13
2001	10007	2351.66	34.26	3.31	52.88	1.31	91.76
2002	11374	2461.29	36.15	3.98	63.13	4.02	107.29
2003	12567	2651.82	39.03	4.76	75.22	5.53	124.54
2004	14332	2761.62	40.68	5.66	89.38	6.97	142.69
2005	16614	2766.65	40.82	6.58	103.86	8.80	160.05

② 农业损失。对农业生物伤害较大的大气污染物种类很多，如二氧化硫、氟化物、烟尘、光化学氧化剂、氮氧化物、乙烯、氯气、氨气等。这里仅讨论二氧化硫对农作物的影响造成的经济损失。根据相关研究得出的农作物在不同 SO_2 浓度下的减产率，可得污染区（除青岛）农作物的减产率。山东省农村地区 SO_2 的日均浓度一般不高于0.04mg/m^3，因此农作物受 SO_2 的影响较小，仅计算蔬菜的减产损失，减产率取5%。

由《山东省统计年鉴》可查得污染区蔬菜的实际年产量以及1990年的平均收购价格0.34元/kg，根据农产品收购价格总指数换算为当年价格，由式（4-5）得出2000—2005年大气污染造成的农业损失，见表4-43。

表 4-43 SO_2 对农业造成的损失

年份	蔬菜年产量（万吨）	蔬菜收购价格（元/kg）	经济损失（亿元）
2000	6385.8	0.46	15.54
2001	6713.49	0.48	16.96
2002	7411.86	0.47	18.32
2003	7763.51	0.52	21.25
2004	7983.4	0.55	23.11
2005	7798.68	0.59	24.2

在青岛，农作物受 SO_2 和酸雨的共同影响，根据农作物产量与 SO_2 浓度和pH值的回归方程，求得农作物的减产率。青岛市农村地区 SO_2 一般能达到一级标准，取0.02mg/m^3，2000—2005年降水的pH值在5.25~5.73之间，由此确定这几年农作物（主要计算粮食、蔬菜、棉花）的减产率，农作物1990年的平均收购价格为：粮食作物1元/kg，蔬菜0.34元/kg，棉花6.14元/kg，再根据农产品收购价格总指数换算为当年价格，则历年青岛市的农作物损失见表4-44。

表 4-44 酸雨和 SO_2 共同影响下的农业损失

年份	降水pH值	粮食产量	减产率（%）	损失（亿元）	蔬菜产量	减产率（%）	损失（亿元）	棉花产量	减产率（%）	损失（亿元）	损失合计（亿元）
2000	5.73	2780481	0.02	0.01	6649322	0.08	0.02	2077	0	0	0.03
2001	5.67	2539257	0.28	0.10	6250361	0.45	0.14	3409	0.2	0	0.24
2002	5.25	2383802	2.13	0.72	6847570	3.05	1.01	3755	2.38	0.01	1.74
2003	5.69	2221697	2.68	1.27	7305618	3.36	1.57	5324	0	0	2.84
2004	5.43	2323352	2.86	1.37	6720886	3.25	1.35	7216	2.46	0.03	2.75
2005	5.71	3095744	3.10	1.7	5792110	3.11	1.08	4042	0	0	2.78

③ 森林损失。森林在 SO_2 单一污染状况下所受的影响要小于酸雨的影响，降水 pH 值小于 5.0，SO_2 浓度为 $0.05mg/m^3$ 时才能引起马尾松林材积量的减少，山东省林木周围的浓度要小于 $0.05mg/m^3$，因此仅考虑酸雨对林木造成的损失。但据山东省实际监测结果，青岛市 2000—2005 年降水的 pH 值均大于 5.25，因此对木材蓄积量没有影响，也没有对材积生产量造成损失，所以损失为 0。

④ 材料损失。酸雨对材料具有很大的腐蚀性，从而降低了材料的使用寿命。我国“七五”期间就酸雨对材料的影响作了相当多的研究，两个攻关项目《华南地区酸雨来源、影响和控制对策的研究》和《西南地区酸雨来源、影响和控制对策的研究》取得了突破性的成果，其中得出的损害函数成为以后同类研究的参考。此外，许多城市如厦门、广州也进行了酸雨对材料造成损失的研究。这些研究都表明酸雨对建筑材料（主要是门窗油漆和砂浆灰水）和自行车的破坏损失占材料总损失的绝大部分，如在两广的研究案例中这两项之和占到了 97.8%，因此本案例只对门窗油漆、砂浆灰水和自行车的损失进行估算。

材料的使用寿命是酸雨影响的一个重要方面。根据式（4-8）（式中临界损失阈值见表 4-45）可计算出 SO_2 环境浓度为二级标准，在不同 pH 值区间取其中值时各种材料的使用寿命（见表 4-46）。

表 4-45 各种材料的临界损失阈值

材料种类	门窗漆	砂浆灰水	自行车
临界损失阈值 *CDL*（μm）	12.72	160.2	20

表 4-46 各种材料在不同 pH 值下的使用寿命（年）

pH 值区间	门窗漆	砂浆灰水	自行车
≤4.0	1.95	8.11	12.13
4.0～4.5	2.05	8.85	16.23

续表 4-46

pH 值区间	门窗漆	砂浆灰水	自行车
4.5～5.0	2.15	9.63	23.06
5.0～5.6	2.18	9.92	26.82
5.6	2.19	9.98	27.70

将表 4-46 中 pH = 5.6 时的使用寿命作为无酸雨条件下材料的使用寿命 L_0，青岛市历年降水 pH 值下材料的使用寿命见表 4-47。

表 4-47 青岛市历年降水 pH 值下材料的使用寿命（年）

年 份	降水 pH 值	门窗漆	砂浆灰水	自行车
2000	5.73	2.19	9.98	27.70
2001	5.67	2.19	9.98	27.70
2002	5.25	2.18	9.92	26.82
2003	5.69	2.19	9.98	27.70
2004	5.43	2.18	9.92	26.82
2005	5.71	2.19	9.98	27.70

由统计年鉴可查到山东省城镇和农村的人均居住面积，与酸雨区的人口数相乘可得总建筑面积，结果见表 4-48。自行车数由历年全省每百人拥有的自行车数与酸雨区人口数相乘获得，见表 4-49。根据《中国统计年鉴》可得 1990—1992 年自行车的平均零售价格，其他年份的价格根据耐用消费品的价格指数进行调整。门窗漆和砂浆灰水的维修或更换单价采用厦门地区研究的数据，再根据建房装修材料类的消费价格指数调整，得到各年的价格，见表 4-50。

表 4-48 各种材料的面积

年份	全省平均每人居住面积		青岛市人口（万人）		建筑面积（万 m^2）		门窗漆面积（万 m^2）			砂浆灰面积（万 m^2）		
	城镇	农村	非农业	农业	城镇	农村	城镇	农村	合计	城镇	农村	合计
2000	13.75	23.61	292.35	414.29	4019.81	9781.39	361.78	782.51	1144.29	4743.38	20149.66	24893.04
2001	14.17	24.60	302.18	408.31	4281.89	10044.43	385.37	803.55	1188.92	5052.63	20691.52	25744.15
2002	18.78	25.59	313.13	402.52	5880.58	10300.49	524.74	824.04	1348.78	6879.97	21219.00	28098.97
2003	19.62	26.53	329.96	390.72	6473.82	10365.80	582.64	829.26	1411.90	7639.11	21353.55	28992.66
2004	29.64	26.92	350.96	380.16	10402.45	10233.91	936.22	818.71	1754.93	12274.89	21081.85	33356.74
2005	21.90	29.64	393.41	426.14	8615.68	12630.79	775.41	1010.46	1785.87	10166.50	26019.43	36185.93

表 4-49 历年的自行车数

年份	2000	2001	2002	2003	2004	2005
自行车辆数	365.97	494.80	431.81	446.50	451.87	484.72

表 4-50 各种材料的价格

项目	单位	2000 年	2001 年	2002 年	2003 年	2004 年	2005 年
门窗漆	元/m^2	10.14	10.02	9.86	9.80	9.71	9.97
砂浆灰水	元/m^2	4.21	4.16	4.09	4.10	4.43	4.29
自行车	元/辆	345.87	332.38	318.75	315.24	313.67	312.1

根据式（4-7）可以得到青岛市 2000—2005 年酸雨对建筑材料和自行车造成的损失，见表 4-51。

表 4-51 酸雨对材料造成的损失（万元）

年 份	门窗漆	砂浆灰水	自行车	合计
2000	0	0	0	0
2001	0	0	0	0
2002	27.86	69.65	163.04	260.54
2003	0	0	0	0
2004	35.69	89.56	167.89	293.14
2005	0	0	0	0

（2）水污染损失。

① 人体健康损失。污染水体对人体健康的危害主要是通过饮水或洗涤取用而接触污染水质造成的，也可以通过水生食物链或经农田灌溉污染粮食和蔬菜，从而影响人体健康。与水污染有关的疾病主要为消化系统癌症、肠道传染病，本案例依据与水污染的密切程度，主要考虑急性肠炎、细菌性痢疾、病毒性肝炎、肝癌，采用的方法为人力资本法，计算公式见式（4-4）。

由于缺少山东省受水污染影响的人口数及相关疾病的发病率、住院时间等统计资料，本案例通过间接推导和参考类似地区典型调查结果的方法来获得相关数据。

污染区人口数作如下推导：将未饮用自来水的人口视为受水污染影响的人口，主要以农村人口为主，山东省水利厅 2003 年普查结果显示，截至 2002 年底，全省农村自来水普及率为 40%，那么占农村人口数 60% 的人未饮用自来水，该人口数即为受污染人口数。由于受污染的人口集中于农村地区，因此人力资本以农民人均纯收入表示。各种疾病污染区与清洁区发病率和死亡率的差值、医疗费用以及住院时间等均借鉴阮俊华（2001）调查的结果，主要是考虑到其工业发展水平、水污染状况和医疗水平与山东省较为类似。经过以上处理，得到山东省水污染造成的人体健康损失，见表 4-52 和表 4-53。

表 4-52 人体健康损失中各参数的取值

疾病类型	发病率差值 L_i (1/10^5)	死亡率差值 L_{0i} (1/10^5)	住院费用 Y_i (元/人)	误工时间 H_i (年)
急性肠炎	67.64		3091.9	0.023
细菌性痢疾	21.45		2514.2	0.024
病毒性肝炎	69.36		5835.9	0.081
肝癌	30	29.01	6697.5	0.588

表 4-53 水污染造成的人体健康损失

年份	全省总人口（万人）	城镇人口（万人）	农村人口（万人）	受污染人口数 M（万人）	人力资本 P_P [元/（年·人）]	人体健康损失 S_P（亿元）
2000	8997	3419	5578	3347	2659.20	10.07
2001	9041	3544	5497	3298	2804.51	10.31
2002	9082	3660	5422	3253	2953.97	10.57
2003	9108	2833	6275	3765	3150.49	12.82
2004	9163	2951	6212	3727	3507.43	13.76
2005	9248	2978	6270	3762	3930.55	15.17

②污灌造成的农业损失。山东省利用污水灌溉农田已有30年的历史，根据灌溉类型不同，分为污水灌溉水源与混灌（轮灌）水源。由于农业用水日益匮乏，污灌面积迅速扩大，据全国第二次污水灌区环境质量状况普查统计（基准年为1995年），山东省污灌面积为32.8万hm^2。长期盲目污灌，造成农田土壤污染，镉、铅、铬、铜等重金属蓄积量成倍增加。据近几年对部分市地47个县（区）农田重金属污染调查，污染达到警戒级的有34个，属于轻污染的5个，属于安全级的只有6个。

据近几年调查，全省主要污灌区粮食作物重金属超标率达25%，济南、淄博等主要城市70%的叶菜类硝酸盐、亚硝酸盐含量超标，肉蛋奶等畜产品中氟、锌、铜三种元素的检出率都为100%，超标率46.6%。

由于无法统计污灌区各种农作物的播种面积，按历年农作物播种比例，粮食作物和蔬菜大约是3.5∶1；据国家统计局农村社会经济调查司2004年的数据，从1978年到1998年，我国农业污灌面积从500万亩增加到5427万亩，因此假设污灌面积每年以50%的速度增长；山东省污灌面积1995年普查统计为32.8万hm^2，可以近似得出每年的污灌面积。清灌区农作物的单产取全省的平均值。农作物的收购价格分别以粮食作物和蔬菜的产值和产量估算得出。

据有关资料统计，污水灌溉水质由Ⅲ类变为Ⅴ类或Ⅴ类以下时，农作物减产率在10%～25%，这里取粮食为10%，蔬菜为25%；目前在中国，由于市场信息不完备，一般对农产品超标损失按低于市场价10%的价格进行销售。

按式（4-10），可以求出各年的污灌区土壤污染所造成的农作物损失，计算结果见表4-54。

表4-54 污灌区土壤污染造成的农作物损失

年　份	污灌面积（万 hm^2）	粮食作物损失（亿元）	蔬菜损失（亿元）	污灌的农作物损失（亿元）
2000	249.08	18.19	4.27	22.46
2001	373.61	30.02	7.22	37.24
2002	560.42	41.3	11.34	52.64
2003	840.63	84.74	15.44	100.18
2004	1260.94	172.03	28.64	200.67
2005	1891.41	267.46	57.52	324.98

③工业损失。工业损失采用防护费用法来计算。由山东省的水质监测数据知，山东省大部分地表的河流工业用水区的水质超标，假定全部工业用水均受到污染且为劣Ⅴ类，劣Ⅴ类水经过二级处理的费用为0.77元/m^3，由统计年鉴可知山东省工业用水量。因此由式（4-11）得出水污染造成的工业损失，计算结果见表4-55。

表4-55 水污染造成的工业损失

年　份	2000	2001	2002	2003	2004	2005
工业用水量（亿 m^3）	12.80	19.17	17.06	15.01	14.04	11
水处理成本（亿元）	9.86	14.76	13.14	11.56	10.81	8.47

④生活用水损失。由于水质污染会增加水质净化和处理成本，按每吨水增加0.2元计算，再根据山东省生活用水量由式（4-12）可求得这一部分损失。水污染造成的生活用水损失计算见表4-56。

表4-56 水污染造成的生活用水损失

年　份	2000	2001	2002	2003	2004	2005
生活用水量（亿 m^3）	26.98	27.90	27.53	20.22	20.7	21.39
水质精华成本	5.40	5.58	5.51	4.04	4.14	4.28

⑤渔业损失。目前，山东省地表水的渔业用水功能区水质大部分不符合用水要求，由于水污染使淡水渔业资源的产量降低，但这一部分损失量无法直接获得，因此，这里通过类比其他研究成果的方法来计算。一种方法是通过渔业损失占渔业总产值的比例推出，辛琨（1998）得出细河流域为5%，陈妙红（2004）算出连云港为2%，根据污染的程度，本案例取3%。另一种方法是通过减产率计算出水产品的减产量，再由市场价值法计算出损失。淡水产品养殖损失率按5%估计，绝产和捕捞损失率按15%估计，由山东统计年鉴可得各年淡水渔业产值和产量，从而估算各年的淡水渔业产品的价格。取两者的平均值代表山东省水污染造成的淡水渔业损失，结果见表4-57。

表 4-57 水污染造成的渔业损失

年份	淡水渔业产值（亿元）	淡水渔业损失（亿元）	水产品收购价格	淡水养殖产量	淡水捕捞产量	养殖减产量	捕捞减产量	淡水渔业损失（亿元）	淡水渔业损失均值（亿元）
2000	66. 10	1. 98	6757. 30	941258	89916	47063	13487	3. 88	2. 93
2001	68. 55	2. 06	6716. 54	941512	88562	47076	13284	4. 02	3. 04
2002	63. 16	1. 89	6253. 1	888749	78764	44437	11815	3. 67	2. 78
2003	69. 48	2. 08	6171. 81	919930	100771	45997	15116	4. 16	3. 12
2004	83. 11	2. 49	6881. 57	957050	103500	47853	15525	4. 97	3. 73
2005	89. 38	2. 68	7308. 22	977485	122768	48874	18415	5. 47	4. 08

水污染造成的各项损失及总损失见表 4-58。

表 4-58 水污染损失结果汇总（亿元）

年份	人体健康损失	农作物损失	工业损失	生活用水损失	渔业损失	合计
2000	10. 07	22. 46	9. 86	5. 40	2. 93	50. 72
2001	10. 31	37. 24	14. 76	5. 58	3. 04	70. 93
2002	10. 57	52. 64	13. 14	5. 51	2. 78	84. 64
2003	12. 82	100. 18	11. 56	4. 04	3. 12	131. 72
2004	13. 76	200. 67	10. 81	4. 14	3. 73	233. 11
2005	15. 17	324. 98	8. 47	4. 28	4. 08	356. 98

（3）固体废物污染损失。

堆存直接经济损失计算方法见式（4-14）。固体废物的堆存损失系数采用：1990 年粉煤灰 14. 9 元/吨、尾矿 7. 0 元/吨。鉴于各种固体废物堆存量的缺乏，将粉煤灰和尾矿堆存损失系数的平均值 11. 0 元/吨，用固定资产投资价格指数调整为当年价格，然后与历年工业固体废物的累积堆存量相乘来表示堆存直接经济损失。

占地损失计算方法见式（4-15）。根据烟台的案例，各种固体废物的占地系数为：粉煤灰 0. 51m^2/吨、尾矿 1. 078m^2/吨，同样这里我们取平均值 0. 794m^2/吨。

农作物以粮食作物和蔬菜为代表，根据当年全省粮食和蔬菜的产值和产量，可以求得各年粮食作物和蔬菜的平均价格，从而求得粮食作物和蔬菜的收益，取两者平均值作为固体废物所占土地种植农作物的经济价值系数。结果详见表 4-59。

表 4-59 固体废物污染损失

年份	工业固废积累堆存量（万吨）	堆存直接经济损失（亿元）	占地损失（亿元）	固体废物污染总损失（亿元）
2000	30744	71. 58	4. 39	75. 97
2001	31380	74. 08	4. 79	78. 87
2002	31689	75. 64	4. 96	80. 60

续表 4-59

年份	工业固废积累堆存量（万吨）	堆存直接经济损失（亿元）	占地损失（亿元）	固体废物污染总损失（亿元）
2003	32070	78.77	5.08	83.85
2004	32379	85.41	6.03	91.44
2005	32549	88.35	6.96	95.31

（4）山东省环境污染损失综合分析。

根据上面的研究，山东省 2000—2005 年的环境污染损失核算结果见表 4-60。

表 4-60　山东省环境经济损失（亿元）

年份	大气污染损失	水污染损失	固体废物污染损失	总计
2000	96.70	50.72	75.97	223.39
2001	108.96	70.93	78.87	258.76
2002	127.38	84.64	80.60	292.62
2003	148.63	131.72	83.85	364.20
2004	168.58	233.11	91.44	493.13
2005	187.03	356.98	95.31	539.32

由表 4-60 可以看出，山东省的环境污染损失年增长幅度为 16%、13%、23%、34%、29%。在污染损失中，按年平均所占比重的多少，依次为大气污染损失、水污染损失、固体废物污染损失，各年的环境污染损失的比例构成见图 4-8。从图中可以看出，水污染损失所占的比重逐年上升，在 2005 年占到了 66.2%。

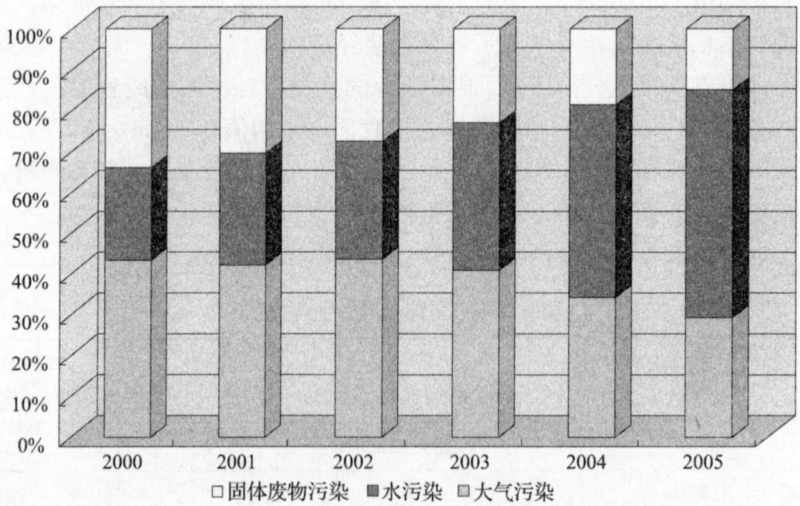

图 4-8　环境污染损失的比例结构

山东省大气污染损失如图 4-9 所示，从图中可以看出，大气污染中人体健康损失所占比重最大，在总污染损失中比重在 80% 左右，农业损失次之，所占比重在 20% 左右，材料损失仅发生在 2002 年和 2004 年，所占比重极小。

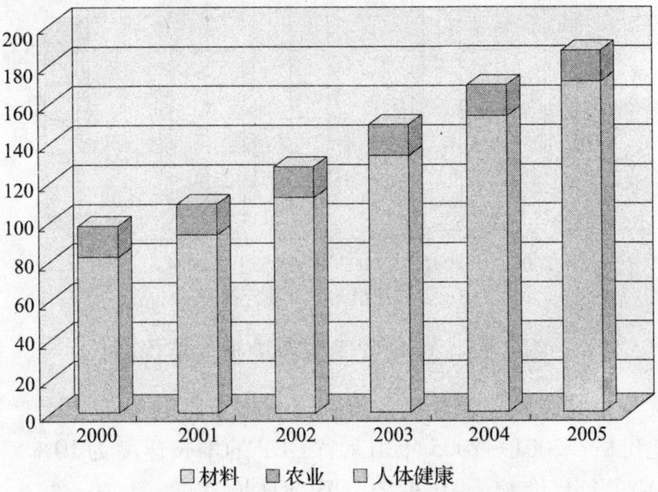

图 4-9　山东省大气污染损失的结构图

山东省水污染损失如图 4-10 所示，从图中可以看出，水污染中农作物损失所占比重最大，在总污染损失中比重从 2000 年的 44% 增长到 2005 年的 91%，增长幅度较大，这主要是由于山东省农业用水日益匮乏，污灌面积迅速扩大所造成的。人体健康损失、工业损失、生活用水损失和渔业损失都有小幅度的上升，但在总组成中所占比重呈现出下降趋势。

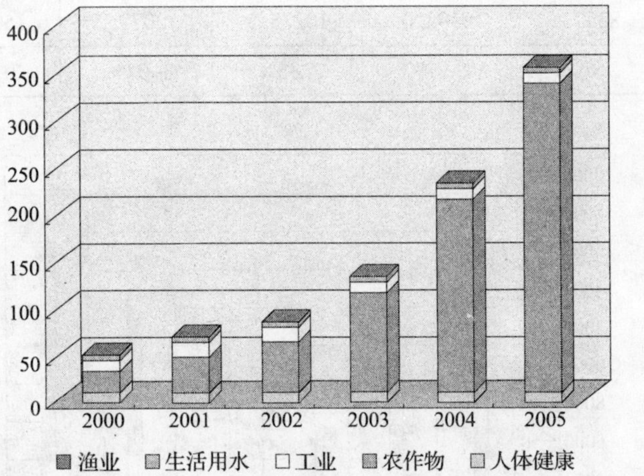

图 4-10　山东省水污染损失结构图

山东省固体废物污染损失如图 4-11 所示，从图中可以看出，固体废物污染损失中堆存的直接经济损失所占比重最大，平均值在 94%，2005 年比 2000 年增长 23%，这是由于工业固体废物累积堆存量较大引起的。占地损失 2005 年比 2000 年增长了 59%，但在总组成中所占比重平均仅占到 6%。

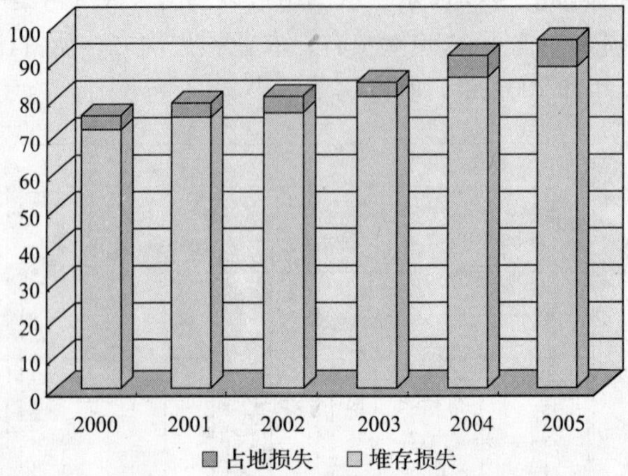

图 4-11 山东省固废污染损失结构图

根据山东省统计年鉴，山东省环境污染损失与山东省的 GDP 相比，结果见表 4-61 和图 4-12。按照可比价格，2001—2005 年山东省 GDP 的增长速度为 10%、11.7%、13.4%、15.3%、15.2%；按当年价格，山东省 GDP 增长速度为 10.3%、11.8%、17.5%、24.4%、23.3%。按照当年价格计算，2001—2005 年环境污染造成的经济损失增长率为 15.8%、13.1%、24.5%、35.4%、9.37%，与按当年价格计算的 GDP 相比，环境污染损失的增长高于 GDP 的增长速度，最终环境污染损失在 GDP 中所占比例在 3% 左右。

表 4-61 山东省环境污染损失占 GDP 的比例

年份	2000	2001	2002	2003	2004	2005
环境污染损失	223.39	258.76	292.62	364.2	493.13	539.32
GDP	8337.5	9195.0	10275.5	12078.2	15021.8	18516.9
比例	2.68%	2.81%	2.85%	3.02%	3.28%	2.91%

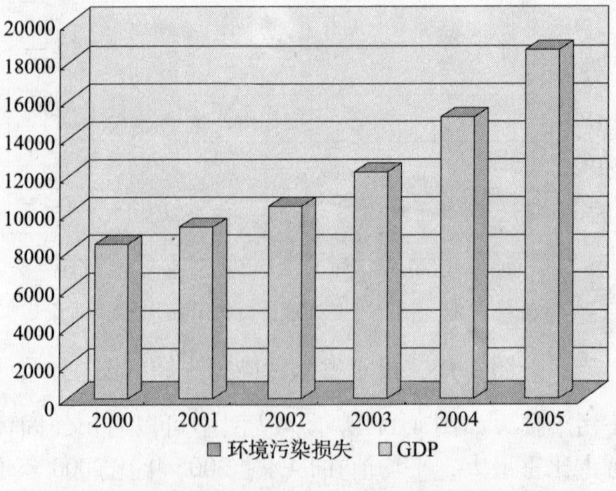

图 4-12 山东省 GDP 与环境污染损失（亿元）

4.8.2 案例二：昆明市森林生态效益经济评价

本案例估算森林生态效益的价值参数，引自王见（2006）。

1. 森林生态效益的种类和特点

根据国家“九五”攻关专题《林业生态工程管理信息系统，效益观测与效益评价技术研究》，森林的生态效益可以分为如下几类：

（1）森林涵养水源的效益。

森林与水的关系十分密切，许多河流都发源于高山密林之中。森林之所以能涵养水源，是因为：首先，林冠可以截留相当数量的降水（年降水量的15% ~40%），使降雨强度减弱，林内雨量减少，为到达林内的降雨逐渐下渗创造了条件，从而减少了地表径流；其次，林下的枯枝落叶层不仅能覆盖地表，使表土不受雨滴冲击，还能吸收大量水分。国内研究结果表明，枯落物层的饱和持水率通常达208% ~412%，有效吸收水量为：温带林区的原始针阔混交林为25.74吨/hm^2、次生阔叶林为27.54吨/hm^2、人工针叶纯林为22.69吨/hm^2、灌丛为13.06吨/hm^2，热带的半落叶季雨林为11吨/hm^2，山地雨林可达33吨/hm^2。另外，结构疏松、孔隙多的森林土壤是森林涵养水源的主要场所，它可以有效促进降雨向土层渗透，提高森林土壤吸收降雨的能力。据调查，林地的降水有35%变为地下水徐徐补充为河道水，而在荒废的裸地，贮存到土壤中用于补充水源的水仅占5%。林地涵养水源的能力为裸地的7倍。

（2）森林的水土保持效益。

森林一方面通过根系团结土壤使土壤免受侵蚀；另一方面，通过对降水的截持、对地表径流的减少和调节来防止土壤流失。研究表明，森林植被覆盖率与水土流失面积之间存在着明显的反比例关系：森林植被覆盖率在30%以下，水土流失面积大于30%；覆盖率在30% ~50%，水土流失面积为10% ~30%；覆盖率在50%以上时，水土流失面积小于10%。此外，林下枯枝落叶的腐烂可增加土壤有机质含量，为微生物及土壤动物、昆虫提供食物和保护条件，促进土壤孔隙的发育和水稳性团粒结构的增加。因此，森林的存在使土壤的理化性状得以改善，水分下渗能力提高，有机质含量和土壤团粒结构增加，从而使土壤本身抵抗地表径流侵蚀的能力增强，起到了水土保持的作用。

（3）森林的防风固沙效益。

风从空旷地向森林接近时，距林缘数百米就开始减速，风进入林内后，速度很快降低，使林内经常处于弱风或无风的境地。风通过森林后要经过500m甚至达到1000m时，才能恢复到原来的速度。

由于林带降低了风速，在沙区可以起到固定流沙的作用，特别是形成林带网以后，治沙效果更加明显，新疆吐鲁番的观测结果表明，如以旷野风速为100%，则在通过第一条林带后，风速降为62%，通过第二条林带后，风速降为58%，通过第三条林带后，风速降为48.9%。

（4）森林防洪减灾的效益。

我国的洪水基本上分为两大类，即由于夏秋暴雨形成的夏汛、秋汛和季节性气温的回升导致积雪和河冰融化而形成的春汛。暴雨洪水是我国大多数河流的主要洪水类型。多数学者都认为森林在前期洪水或者是降雨强度较小时可以减少洪水量，削弱洪峰流量及推迟和延长洪水的汇流时间。

国外的研究表明，森林覆盖率每增加2%时，约可以削减洪峰1%，当流域森林覆盖率达到最大值100%时，森林削减洪峰的极限值为40% ~50%。国内研究也表明，对于$10km^2$以下的小流域，森林可以削减洪峰的能力达到50%以上。广西不同类别防护林的削洪滞洪研究表明，各类防护林地径流的最大洪峰量与草地对比下降幅度较大，减少的范围为54.90% ~84.54%，即洪峰量减少了一半以上；推迟洪峰时间5 ~20min。

（5）森林净化水质的效益。

一方面，森林可以减少河流的含沙量。我国26条江河的含沙量表明：河流含沙量为21 ~$84kg/m^3$的14条河流大都位于森林覆盖率低的西北、华北（主要是黄河流域），而河流含沙量在$1kg/m^3$以下的12条河流大都位于森林覆盖率高的华南、华东地区。另一方面，被称为“大地之肺”的森林，能有效吸收、吸附大气降水中携带的各种物质，包括被有关标准规程确定的85种有机污染物和铅、镉等无机污染物质。湖南省杉木林地径流成分的研究表明：降水携带的铅、镉、磷、钾、钙、镁、铁、锰、铜、锌等10种化学元素累计含量是40.94 $kg/(hm^2 \cdot L)$，经过地表径流汇入江河后累计含量为9.27 $kg/(hm^2 \cdot L)$，下降幅度高达77.10%。湖南省生态学会对湘西八大公山林区的水质状况进行的调查表明，各项水质指标如二氧化碳、溶解氧、钙离子、镁离子、钾离子、钠离子等都符合饮用水标准。

（6）森林调节小气候的效益。

一方面，森林具有庞大的林冠层，在地表与大气之间形成一个绿色调温器，它不仅形成特有的林内小气候，而且对森林周围的温度也有很大的影响。我国学者的大量研究表明，从南方到北方虽然气候及植被带不同，但林内、外的气温变化规律基本一致：气温低时具有保温御寒作用，冬季气温越低御寒作用越大；气温高时具有降温避暑作用，气温越高降温避暑作用越明显。一年中降温作用大于保温御寒作用。另一方面，森林通过森林植物蒸腾、林地蒸发和森林植物截持降水的蒸发等将水分大量地蒸散到大气中。由于林区森林蒸散量一般要比无林地的蒸发量大20% ~30%，因而会使其上空空气湿度增大，对陆地水分循环会产生影响，并使该区域内的陆地降水量有所增加，这也对提高当地物种多样性、促进群落演替、维持生态系统稳定性等方面起到了重要作用。

（7）森林吸收CO_2放出O_2的效益。

森林是地球陆地生态系统的主体。在陆地植物与大气的CO_2的交换中，90%以上是由森林植被完成的。森林植物在其生长过程中通过光合作用，吸收大气中的CO_2，将其固定在森林生物量（包括树干、枝、叶和根）中，成了大气中CO_2的吸收汇和缓冲器。

这一过程可以概括为：CO_2（264g）+H_2O（108g）→干物质（162g）+O_2（192g）。

在吸收CO_2的同时，绿色植物还释放出大量的O_2。据计算，每年全球植物吸收CO_2约为9.36×10^{10}吨，放出的O_2约6.83×10^{10}吨。据研究，陆生植物放入大气的O_2占全部绿色植物O_2产量的60%以上。

（8）森林净化大气的效益。

森林的减尘滞尘作用，可以使空气得到很大程度的净化。森林因其形体高大，枝叶茂盛，具有降低风速的作用，可使大粒灰尘因风速减小而沉于地面：叶片表面因为粗糙不平，多绒毛，有油脂或黏性物质，又能吸附、滞留和黏着一部分粉尘，从而使空气含尘量相对减少。据研究，每公顷森林林冠约能阻滞固体降落物6～78kg，其中40%～80%是悬浮混合物，1年可净化空气1800万m^3。

SO_2不仅是酸雨的主要成分，同时也有害人体健康。据实验，大气中SO_2浓度高达10ppm时，将使人不能正常工作，当达到400ppm时，人就会死亡。森林对大气中SO_2的净化有很大的潜力，据测定，当污染源附近SO_2浓度为0.27mg/m^3时，在距污染源1000～1500m处，非绿化带浓度为0.16mg/m^3，而绿化带内浓度为0.08mg/m^3，绿化带比非绿化带SO_2浓度低0.08mg/m^3。

（9）森林的保健杀菌效益。

植物能产生一些杀死细菌、霉菌和原生动物的物质。绿化区与无绿化区比较，绿化区单位体积内含菌量较少。据报道，在1m^3的城市空气中，约有3万～4万个细菌和其他微生物，在1m^3森林空气中仅30～100个；百货大楼内空气含菌量多达400万个/m^3，林荫道58万个/m^3，公园100个/m^3，百货大楼内的空气含菌量比林区高约10万倍。这一方面是森林的降尘作用导致林区的灰尘浓度小，所以含菌量也相应减少；另一方面则是由于森林植物含有杀菌素，林区内大量的细菌被杀死了。

（10）森林减少噪声的效益。

噪声是指一切对人们生活和工作有妨碍的声音。根据大量的调查，40m宽的林带，可以减低噪声10～15dB。

（11）森林游憩资源效益。

人类起源于森林中，脱离与自然接触的城市生活，并非完全适合人的本性，因此人与自然的接触是人类的需要，自然是人们生活的乐趣之源。所以，当城市居民在其生活的基本物质需求得到适当满足以后，就必定会追求在日常生活中与大自然或自然生物的接触，于是森林成了人们游憩的好去处。在森林中尽情地漫游，享受“森林浴”，呼吸新鲜的空气，会使人们的身心得到放松，对健康大有好处。

（12）森林野生生物保护效益。

森林是陆地生态系统中最丰富的类型，在生物圈中占有重要位置。森林生态系统具有最复杂的时空结构，既有较强的反馈调节能力，又有较强的弹性和稳定性，还是巨大的陆地生物基因库。如热带雨林虽然仅覆盖地球陆地表面的7%，但其包含的物种却占全球已知物种的50%～70%，另外还有大量的物种，尤其是昆虫还未被分类，大部分已知物种也还未进行充分的认识，其生物学、生态学、食用或药用以及其他潜在的有益特性从科学的角度仍然未知。因此，当今世界各国在研究生物多样性或保护生物多样性的对象选择或规划措施中，森林生态系统往往处于首要位置。

综上所述，森林的各项生态效益可用图4-13概括。

2．森林生态效益评价模型

（1）涵养水源效益评价模型。

森林涵养水源的功能是通过森林生态系统作为积聚和贮存水分的中心来实现的，主要表现为增加水资源供给和防洪两种效益。

①森林涵养水源量。

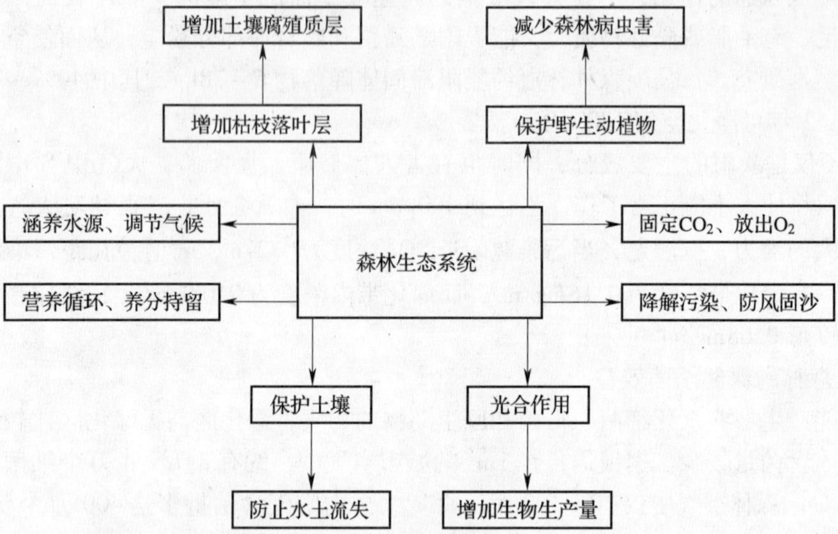

图 4-13　森林生态效益图

A. 森林贮水量的计量。森林涵养水源量是根据森林贮水量计算得到的。对于森林贮水量的计量，国内外研究中常用两种方法——森林区域水量平衡方法和截留量法。

a. 根据水量平衡法计算森林贮水总量。森林的水量平衡可以用式（4-17）来表示。

$$P = R + E_t \tag{4-17}$$

式中　P——降水量；

R——径流量；

E_t——蒸散量。

根据上述方程并考虑研究区域内不同的森林类型，森林的年贮水量可表示为：

$$R = \sum_{i=1}^{n} \left[(P_i - E_{ti}) \times S_i \times 10 \times 1 \right] \tag{4-18}$$

式中　R——森林年贮水量（吨/年）；

n——森林类型数；

i——流动指标，$i = 1, 2, 3, \cdots, n$；

P_i——第 i 种森林类型的年降水量（mm/年）；$P_i = Q \times r_i$，Q 为区域年降水（mm/年），r_i为第 i 种森林的覆盖率（%）；

E_{ti}——第 i 种森林类型的年总蒸散量（mm/年），$E_{ti} = P_i \times t_i$，t_i为第 i 种森林类型蒸散降水比（%）；

S_i——第 i 种森林类型的面积（hm^2）；

10——换算系数（mm 换算为 m，hm^2 换算为 m^2），水的密度为 $1t/m^3$。

b. 根据截留量计算森林贮水量。

按截留法计算时，森林的贮水量由林冠截留降水量、枯枝落叶层的持水量、森林土壤的降水储量三个部分组成。由于林冠截留的降水量十分有限，枯枝落叶的吸水能力只占森林下层涵养水源量的 1% ~2%，而土壤贮水能力占 98% ~99%，因此土壤是涵养水源的主要载体，森林贮水量可以直接用森林土壤贮水量来表示。其计算式如下：

$$R = \sum_{i=1}^{n} (K_i \times L_i \times S_i \times 10000) \tag{4-19}$$

式中 R——森林年贮水量（吨/年）；

n——森林类型数；

i——流动指标，$i=1$，2，3，…，n；

K_i——第 i 种森林类型的非毛管孔隙度（%）；

L_i——第 i 种森林类型的土层平均厚度（m）；

S_i——第 i 种森林类型的面积（hm^2）；

10000——换算系数，水密度为 $1t/m^3$。

B. 森林涵养水源量的计量。由于无林地也具有一定的贮水能力，因此森林真正的涵养水源量应在于它与无林地相比多贮存的水量。即：森林涵养水源量（T）=森林贮水量（R）-无林地贮水量（R_0）。

或：

$$T = \sum_{i=1}^{n} [(K_i - K_{i0}) \times L_i \times S_i \times 10000] \tag{4-20}$$

式中 K_{i0}——与第 i 种森林类型相对照的荒地的非毛管孔隙度。

②森林增加水资源供给的经济价值。在利用市场替代值对森林增加水资源供给的价值进行计量时，常用的有水价模型和水库工程造价模型两种。

A. 水价模型。先计算出森林涵养的水源量，再根据市场替代原则，假设这些水用于市场交换，并以市场水价作为森林涵养水源量的“替代价格”，最后计算出森林涵养水源的经济价值为：

$$V_1 = V_{11} + V_{12} + V_{13} = T \times (P_1 \times r_1 + P_2 \times r_2 + P_3 \times r_3) \tag{4-21}$$

式中 V_1——森林增加水资源供给的年经济价值（元/年）；

V_{11}、V_{12}、V_{13}——分别为农田灌溉、工业供水、生活供水的年经济价值（元/年）；

T——森林年涵养水源总量（吨/年）：

P_1、P_2、P_3——分别为农田灌溉、工业供水和生活供水的价格（元/吨）；

r_1、r_2、r_3——分别为农田灌溉、工业供水和生活供水的比例（%）。

B. 水库工程造价模型。将森林涵养的水源量视为通过修建水库所获得的储水量，然后以兴建同等库容量的水库造价作为森林涵养水源效益的经济值。

$$V_1 = T \times P \tag{4-22}$$

式中 V_1——森林增加水资源供给的年经济价值（元/年）；

T——森林年涵养水源量（吨/年）；

P——中小型水库单位库容造价（元/m^3）。

③森林防洪效益。

森林被喻为绿色水库，因具有较大的蓄水容量而能削减洪峰量值。

计算森林防洪效益时，常用其他防洪措施（如水库）代替森林的防洪效能，用替代措施的投资额计算森林的防洪效益值。

$$V_2 = \sum_{i=1}^{n} BS_i (H_i - H_0) \tag{4-23}$$

式中 V_2——防洪效益的价值（元/年）；

n——森林类型数；

i——流动指标，$i=1, 2, 3, \cdots, n$；

B——拦蓄单位体积洪水的水库和堤坝的平均修建费（元/m^3）；

S_i——第 i 种森林类型的面积（hm^2）；

H_i——第 i 种森林类型的单位蓄洪能力（m^3/hm^2）；

H_0——无林地的单位蓄洪能力（m^3/hm^2）。

（2）改善水质效益评价模型。

因为工业净化也可达到改善水质的目的，所以可根据工业净化水成本，利用市场替代法来计算改善水质效益。

$$V = \sum_{i=1}^{n} R_i \times S_i \times \Delta p \tag{4-24}$$

式中 V——改善水质的价值（元/年）；

n——森林类型数；

i——流动指标，$i=1, 2, 3, \cdots, n$；

S_i——第 i 种森林类型的面积（hm^2）；

R_i——第 i 种森林类型单位面积的年产水量［吨/（hm^2·年）］；

Δp——水库放水价与水厂供水价之间的差额（元/吨）。

（3）水土保持效益评价模型。

森林的水土保持效益主要包括：减少土地资源损失效益、防止泥沙滞留和淤积效益、保护土壤肥力效益三大类。

①森林固土量的计量。

由于森林的存在，尤其是活地被物层和凋落物层的存在，基本上消除了雨滴对表土的溅蚀和地表径流的侵蚀作用，因而森林具有明显的固土效益。

森林的固土量可通过测定有林地与无林地的土壤年侵蚀模数来计量，用方程表述如下：

$$Q = \sum_{i=1}^{n} \left[(D_{i0} - D_i) \times S_i \times \frac{1}{100} \right] \tag{4-25}$$

式中 Q——森林年固土总量（吨/年）；

n——森林类型数；

i——流动指标，$i=1, 2, 3, \cdots, n$；

S_i——第 i 种森林类型的面积（hm^2）；

D_i——第 i 种森林类型的土壤侵蚀模数［吨/（km^2·年）］；

D_{i0}——与第 i 种森林类型相对照的荒地土壤侵蚀模数［吨/（km^2·年）］；

1/100——单位转换系数（$1km^2=100hm^2$）。

②森林水土保持效益的经济价值计量。

A. 减少土地资源损失的经济价值。每年因土壤侵蚀会损失大量的表土，表现为经济损失，首先是丧失土地的价值。因此，可以先根据土壤的侵蚀量和一般土壤的耕作层厚度计算出相应的土地面积减少量，然后再用影子价格法，即以当地林业生产的平均收益［全国平均值为 282.17 元/（hm^2·年）（1990 年不变价）］来计量森林减少土地损失的经济价值。

$$V_1 = \sum_{i=1}^{n} \frac{Q_i}{g_i \times L_i} \times \frac{1}{10000} \times Y_i \tag{4-26}$$

式中　V_1——森林减少土地资源损失的年经济价值（元/年）；

n——森林类型数；

i——流动指标，$i=1，2，3，\cdots，n$；

Q_i——第 i 种森林类型的年固土量（吨/年）；

g_i——第 i 种森林类型的土壤密度（g/cm^3）；

L_i——与第 i 种森林类型相对应的表土层厚度（m）；

Y_i——第 i 种森林类型从事林业生产的收益［元/（hm^2·年）］。

B. 减少泥沙淤积的经济价值。

根据我国主要流域的泥沙运动规律，全国一般土壤侵蚀的泥沙有 24% 淤积于水库、江河、湖泊，这部分泥沙直接造成了水库、江河、湖泊蓄水量的下降。因此可以根据水库容积的蓄水成本计算森林减少泥沙淤积的经济价值：

$$V_2 = \sum_{i=1}^{n} \frac{Q_i}{g_i} \times d \times P \tag{4-27}$$

式中　V_2——森林减少泥沙淤积的年经济价值（元/年）；

Q_i——第 i 种森林类型的固土量（吨/年）；

g_i——第 i 种森林类型的土壤密度（g/cm^3）；

d——进入河道或水库中的泥沙占泥沙流失量的比值（%）；

P——中小型水库单位库容成本［元/（m^3·年）］。

C. 森林减少土壤肥料损失的经济价值。土壤侵蚀使土壤中的氮、磷、钾及有机质大量流失，从而增加了土壤的化肥施用量，因此森林减少土壤氮、磷、钾及有机质损失的经济价值可用把这些养分元素用于生产化肥所能获得的最大市场收益来表示。

利用运筹学中线性规划的知识可建立如下数学模型：

$$V_3 = \max Z = \sum_{j=1}^{m} (P_j \sum_{i=1}^{n} x_{ji}) \tag{4-28}$$

$$\sum_{j=1}^{m} x_{ji} \leqslant M_i \times Q \quad (j=1，2，\cdots，m；i=1，2，\cdots，k)$$

$$x_{ji} \geqslant r_{ji} \quad (j=1，2，\cdots，m；i=1，2，\cdots，n)$$

式中　Z——化肥收益；

P_j——第 j 种化肥的价格（$j=1，2，\cdots，m$）（元/吨）；

r_{ji}——化肥生产标准所规定的该成分的下限含量（kg/吨）；

M_i——每吨流失土壤中第 i 种有机质的含量（kg/吨）；

Q——森林年固土量（吨/年）；

x_{ji}——第 j 种化肥中的各组成成分，其中 x_{j1}、x_{j2}、…、x_{jk} 代表可从土壤中获得的成分，x_{jk+1}、x_{jk+2}、…、x_{jn} 代表制造化肥所需的其他成分（吨）。

上述数学模型可用单纯形表进行计算，目标函数的最大值就是森林减少土壤肥料损失的经济价值。

综上所述，森林水土保持效益的经济价值应为 $V=V_1+V_2+V_3$。

（4）改良土壤效益评价模型。

森林植物每年有大量的凋落物和死根在水、土、光、温、微生物的作用下，分解成有机质钠、磷、钾等营养物质，日积月累，对土壤起到了改良作用。森林的自肥，减少了人们培植森林过程中的施肥投入，由此而产生的价值可用市场替代法计算。

具体的计算方法与上述森林减少土壤肥力损失的方法相同，差别仅在于此时某种养分的总含量应为森林单位面积的年凋落物量与凋落物中该种营养成分含量的乘积。

（5）防风固沙效益评价模型。

森林防风固沙的效益主要表现在控制流沙移动，减少农用沙压，其价值可以通过计算所减少的沙压农田作物的收益来表示。

$$V = dL \times \sum_{i=1}^{n} Q_i \ (P_i - C_i) \ r \times 100 \tag{4-29}$$

式中 V——防风固沙的价值（元/年）；

n——农作物种类数；

i——流动指标，$i=1, 2, 3, \cdots, n$；

d——当年控制流沙移动的距离（km）；

L——与主风向垂直的固沙林长度（km）；

Q_i——当年第 i 种农作物的单产［吨/（hm^2·年）］；

P_i——第 i 种农作物的单位售价（元/吨）；

C_i——第 i 种农作物的单位生产成本（元/吨）；

r——受益区内第 i 种农作物耕作面积所占的比例（%）；

100——单位换算系数。

（6）农田防护效益评价模型。

森林的农田防护效益主要表现为在森林植被的作用下，附近的水、气、热会变得相互协调而有利于农业生产。因此，农田防护效益的一个直接作用就是农业生产的增产效应，可以选用农田增加的产量作为等效物，其计量方法如下：

$$V = \sum_{i=1}^{n} \Delta D_i \times S_i \times \ (P_i - C_i) \tag{4-30}$$

式中 V——农田防护的价值（元/年）；

n——农作物种类数；

i——流动指标，$i=1, 2, 3, \cdots, n$；

ΔD_i——当年第 i 种农作物受益区单位面积增产量，如果一年内有数季收获，则为其总和［吨/（hm^2·年）］，且 ΔD_i = 有防护林的农田单位面积增产量 - 无防护林的对照样地单位面积增产量；

P_i——第 i 种农作物的单位售价（元/吨）；

C_i——第 i 种农作物的单位生产成本（元/吨）；

S_i——第 i 种农作物的受益面积（hm^2）。

（7）碳氧平衡效益评价模型。

根据光合作用原理，林木吸收 CO_2 和放出 O_2 的关系如下：CO_2（264g）+ H_2O（108g）→干物质（162g）+ O_2（192g）。

①固定 CO_2 的效益。目前，国际上计算固定 CO_2 价值的方法主要有碳税法和造林成本

法，国内多用的是工业治理法。

A. 造林成本法。植树造林是防止气候变暖的有效措施，因为植物具有固碳功能。所以，森林固定 CO_2 的经济价值可根据造林的费用来计算。

$$V_1 = \sum_{i=1}^{n} M_i \times d_i \times K \times 0.2729 \times C_i \tag{4-31}$$

式中 V_1——固定 CO_2 的价值；

n——森林类型数；

i——流动指标，$i=1, 2, 3, \cdots, n$；

M_i——第 i 种森林类型的现有生长量（m^3/年）；

d_i——第 i 种木材的净干重（g/cm^3）；

K——森林生产 1 吨干物质吸收的 CO_2 量（吨）；

0.2729——将 CO_2 折合成纯碳的比例，根据 CO_2 的分子式和原子量，$C/CO_2=0.2729$；

C_i——第 i 种森林的造林成本（元/hm^2）。

FAO（联合国粮农组织）的研究表明，利用热带森林固碳的成本约相当于 24～31 美元/吨碳（1989）。美国国家环保局研究了寒温带、温带和热带各类森林固定 CO_2 的成本，认为造林对固定 CO_2 的一般成本小于 30 美元/吨碳。

B. 碳税法。许多国家正在制定和实施旨在削减温室气体排放的税收制度，尤其是对 CO_2 的排放税收。因此，有学者建议以碳税额作为森林固定 CO_2 经济价值的计算标准。

$$V_1 = \sum_{i=1}^{n} M_i \times d_i \times K \times 0.2729 \times T \tag{4-32}$$

式中 T——碳税率。

目前国际上的碳税主要用碳税率计算，使用瑞典碳税率，即 150 美元/吨碳，约合人民币 1245 元/吨碳。

C. 工业治理法。森林固定 CO_2 的经济价值可以用工艺固定等量 CO_2 的成本来计算。

$$V_1 = \sum_{i=1}^{n} M_i \times d_i \times P \times K_i \tag{4-33}$$

式中 P——治理 CO_2 的单位价格（元/吨）；

K_i——第 i 种森林生产 1 吨干物质吸收的 CO_2 量（吨）。

②产生 O_2 的效益。根据森林固定 CO_2 的同时提供的 O_2 数量，采用人工制 O_2 的成本来计算森林每年提供 O_2 的经济价值。

$$V_2 = \sum_{i=1}^{n} M_i \times d_i \times P \times K \tag{4-34}$$

式中 V_2——产生 O_2 的价值；

n——森林类型数；

i——流动指标，$i=1, 2, 3, \cdots, n$；

M_i——第 i 种森林类型的现有生长量（m^3/年）；

d_i——第 i 种木材的净干重（g/cm^3）；

P——治理 CO_2 的单位价格（元/吨）；

K——森林生产 1 吨干物质释放的氧气量（吨）。

根据上述分析，森林在碳氧平衡方面的总效益应是吸收 CO_2 与放出 O_2 的效益之和，

即 $V=V_1+V_2$。

（8）净化空气效益评价模型。

森林净化空气的效益主要包括对 SO_2 的降解和滞尘效益两方面。

①森林对 SO_2 的降解价值。森林对 SO_2 净化作用的评估，主要是以削减 SO_2 的工程成本来计量。

$$V_1=P\sum_{i=1}^{n}R_i\times S_i \tag{4-35}$$

式中 V_1——降解 SO_2 的价值（元/年）；

n——森林类型数；

i——流动指标，$i=1, 2, 3, \cdots, n$；

R_i——第 i 种森林类型对 SO_2 的吸收能力［吨/（hm^2·年）］；

S_i——第 i 种森林类型的面积（hm^2）；

P——削减 SO_2 的工程成本（元/吨）。

②森林滞尘价值的计量。森林滞尘价值的具体核算方法如下：

$$V_2=P\sum_{i=1}^{n}R_i\times S_i \tag{4-36}$$

式中 V_2——森林滞尘的价值；

P——削减粉尘的工程成本（元/吨）。

综上所述，森林在净化大气方面的价值可表示为 $V=V_1+V_2$。

（9）森林游憩效益评价模型。

对森林游憩效益的评价，国外比较有代表性的方法有以下几种：

①政策性评估：是森林主管部门根据经验对所辖区内的森林作出最佳判断而赋予的价值，其典型的方法有美国的阿奎逊法和德国的普罗丹法。

②生产性评估：是从生产者的角度出发，森林游憩的价值至少应该等于开发、经营和管理游憩区投入的成本，其典型方法有直接成本法和平均成本法。

③消费性评估：从消费者的角度出发，森林游憩的价值至少应该等于游客游憩时的花费，其典型方法有游憩费用法。

④替代性评估：以“其他经营活动”的收益作为森林游憩的价值，其典型方法有机会成本法和市场价值法。

⑤间接性评估：根据游客支出的费用资料求出“游憩商品”的消费者剩余，并以消费者剩余作为森林的游憩价值，其典型的方法有旅行费用法。

⑥直接性评估：直接询问游客或公众对“游憩商品”的自愿支付价格，其典型方法有条件价值法（随机评估法）。

以上方法中前四种方法的优点在于简便易行，省时省力，费用低，不足之处是评价结果不能完整地反映森林游憩效益价值的大小。如生产性评估只考虑了生产者开发、经营和管理游憩区的私人成本，而未考虑其生产活动所带来的外部成本；消费性评估只考虑了旅游者的物质花费，而没有计量其时间花费，这些都会导致评价结果低于森林游憩效益的真实值。后两种方法最大的优点是能够较精确地反映森林游憩价值的大小，缺点是为获取评价所需信息要进行大规模的调查，因而费用高，耗时耗力，且评价结果易受社会经济发展水平和人们主观支付意愿的影响。所以，在实际研究中，究竟选择何种方法应综合考虑方法本身的优缺点、研究经费、人员配备、资料的积累状况、时间等因素。

作为理论上的探讨，本案例主要介绍旅行费用法（TCM 法）和条件价值法（CVM 法）在游憩效益评价中的具体应用。

①TCM 模型。旅行费用法（TCM 法）是从森林游憩产品的最终消费者——游客的角度出发，通过对游林人数与旅游花费之间关系的研究，找到人们对森林游憩的需求曲线，并依据西方经济学的消费者剩余理论进行游憩价值的评价。

旅行费用法评价游憩效益所需拟合的一个最简单、最基本的回归方程为：

$$Y_i = f(TC_i, Q_i, NI_i, T_i, A_i, S_i, \cdots) \tag{4-37}$$

式中 Y_i——当年从 i 地出发到该旅游区的游客人次；

TC_i——从 i 地到该旅游区的旅行费用（即各种货币支出）；

Q_i——i 地的人口数；

NI_i——i 地的年人均收入；

T_i——往返（包括游玩）的全部时间；

A_i——偏好；

S_i——可供 i 地居民替代的游览场所。

当把旅行的时间花费用一代表性的工资率转化为货币值并加到旅行费用上，并将其他非旅行费用的因素对游客的影响看作一个常数时，式（4-37）可调整为一个一元一次方程：

$$CS = \sum_{i=1}^{n} \int_{P}^{P^*} \varphi(Y_i)\, d(Y_i) \tag{4-38}$$

式中 CS——旅游区的总消费者剩余；

n——出发区总数；

i——流动指标，$i = 1, 2, 3, \cdots, n$；

P——旅游区现在的门票价格；

P^*——旅游区理论最高门票值；

$\varphi(Y_i)$——$f(TC_i)$ 的反函数。

森林游憩效益的总价值（V）为：

$$V = CS + \sum_{i=1}^{n} P \times Y_i \tag{4-39}$$

②CVM 模型。条件价值法（CVM 法）是从消费者角度出发，通过提出一系列假设问题，利用调查、问卷、投标等方式获得消费者的支付意愿（ WTP），并以此作为森林的游憩价值。

$$V = WTP = \sum_{i=1}^{n} w_i \times \frac{m_i}{M} \times Q \tag{4-40}$$

式中 V——游憩的价值；

n——支付意愿的货币分组；

i——流动指标，$i = 1, 2, 3, \cdots, n$；

w_i——第 i 组内平均每人每年意愿支付的货币值；

m_i——愿意支付的货币值处于第 i 组内的应答者人数；

M——被调查者总数；

Q——根据科学计算得到的森林年最大游客承载量。

（10）生物多样性保护功能效益评价模型。

生物多样性保护功能效益的计量评价是相对复杂的，地球上维持生物多样性的意义和价值虽不完全以人类存在与否为转移，但却与人类社会能否持续发展息息相关，如何对这个价值进行经济评估，就目前科学界对生物多样性的研究深度来说还很难回答这个问题。因此，通常选择专家评估法对森林生物多样性保护功能的效益价值进行评估。具体做法是：采用德尔菲法让专家就待评价森林所在区域对全球性生物多样性保护的重要性、对本区域内生物多样性保护的重要性分别给予评价，并给出其价值量的大小，通过反复多轮的征求意见，最终得出待评价森林在生物多样性保护方面的价值。

（11）森林生态效益总价值的计量与调整。

①总价值的计量。将研究区域内森林各项生态效益的价值加总，就可得到该区域内森林生态效益总价值的初始值。

森林生态效益总价值＝森林涵养水源效益＋改善水质效益＋水土保持效益＋森林改良土壤效益＋防风固沙效益＋农田防护效益＋碳氧平衡效益＋净化空气效益＋游憩效益＋生物多样性保护功能效益　　(4-41)

②计量结果的调整。

对于初始值，还需结合研究地的社会经济发展状况作进一步修正。这是因为生态价值是一个动态的和发展的概念，与社会经济发展水平密切相关：处于较低发展阶段的人们，不可能对生态价值有充分的认识：但当温饱问题解决之后，人们对环境的舒适性服务的需求迅速提高，随后继续发展、渐趋饱和。也就是说，人们对森林生态效益价值的认识具有从发生、发展到成熟的过程特征，这种特征在图形上表现为一条S形曲线。因此，可利用皮尔生长曲线模型来探讨对森林生态效益初始评价值的修正问题。皮尔模型的数学表达式为：

$$Y = \frac{L}{1 + a e^{-bt}} \tag{4-42}$$

式中　Y——生物生长量；

L——Y的最大值系数；

a、b——常数；

t——时间变量。

令L、a、b均为1，从表达式可见，当$t=-\infty$时，$Y=0$，当$t=+\infty$时，$Y=L$。当对Y取时间t的二阶导数并令其等于0时，则得曲线的拐点为$t=\ln 1=0$。这时$Y=0.5$，曲线依拐点对称。计算与每一时间相对应的Y值，可绘制皮尔曲线如图4-14所示。

由于现实中常用恩格尔系数作为社会经济发展水平和人民生活水平的衡量标准，且其数值通过各年度的统计年鉴很容易获取，因此可通过坐标变换将皮尔曲线的横坐标以恩格尔系的倒数来表示（坐标变换如图4-14所示）。

恩格尔系数与社会经济发展水平之间的对应关系如表4-62所示。

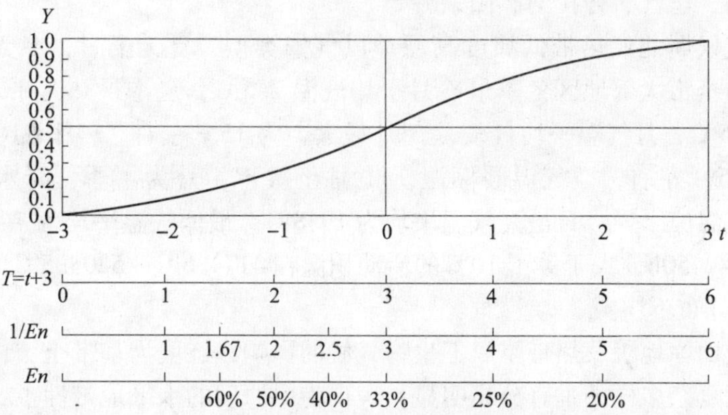

图 4-14　生态价值曲线

注：*En* 表示恩格尔系数。

表 4-62　恩格尔系数与社会发展阶段的关系

发展阶段	贫困	温饱	小康	富裕	极富裕
恩格尔系数 *En*	>60%	60% ~50%	50% ~30%	30% ~20%	<20%
1/*En*	<1. 67	1. 67 ~2	2 ~3. 3	3. 3 ~5	>5

同时，以人们对生态价值的相对支付意愿 Y（$0\leqslant Y\leqslant 1$）代替生物生长量作为纵坐标。$Y=0$ 代表社会发展水平很低时，人们对生态价值的相对支付意愿为零，$Y=1$ 代表当社会发展水平极高时，人们对生态价值的相对支付意愿达到最大值 1，即实际生态价值有多少，人们就愿意 100% 地支付多少。

经过上述坐标变换后，就可以用皮尔曲线代表人们对生态价值的相对支付意愿水平与社会经济发展水平之间的对应关系。

对森林生态效益价值总量（V）的修正步骤如下：①利用皮尔曲线的数学模型计算出相对支付意愿值 Y；②设修正后的生态效益价值量为 V'，则 $V'=V\times Y$。

3．昆明市森林生态效益评价研究

（1）昆明市概况。

①基本情况。昆明市位于云南省中部，地处东经 102°10′—103°40′，北纬 24°23′—26°22′。东西最大横距 151km，南北最大纵距 242km，总面积 2101800hm^2。东与曲靖市接壤，西与楚雄相连，南接玉溪和红河，北临金沙江与四川隔江相望。作为云南省的省会中心城市，昆明下辖 14 个县（市）区。其中五华、盘龙为两城区，官渡、西山、东川为三城郊区，石林、宜良、嵩明、寻甸、富民、禄劝、晋宁、呈贡八县为郊县，安宁为近郊市。

昆明属云贵高原中部，为山原地貌，地形倾斜不均，大致由北向东南呈阶梯状递降。境内最高处是乌蒙山的马鬃岭，海拔 4248m，最低处为金沙江与普渡河交汇处的小河口，海拔 746m，相对高差 3502m。

昆明地区位于金沙江、珠江和红河的分水岭地带，全市河流分属金沙江、南盘江、元江三大水系。金沙江从昆明北部边缘流过，市境内长 90km，汇入的有两大干流：普渡河和牛拦江。珠江流域的南盘江流经直良县，河段长 124km。汇入的主要河流有麦田河、獐子坝河、贾龙河、巴江、普拉河、阳宗海等。

昆明地区气候属北亚热带低纬度高原季风气候类型，夏无酷暑，冬无严寒，干湿分明，四季如春。全市大部地区冬季最冷月平均气温7.5℃，夏季最热月平均气温19.7℃，年平均气温14.5℃，月气温平均日较差3月最大，为15℃左右。5月—10月为雨季，降水量占全年的85%左右，空气温暖潮湿，11月至次年4月为干季，降水量仅占全年的15%左右，空气温凉干燥。日最高气温平均为19.8℃，最低气温平均为7.8℃。年平均日照时数在2050～2450h，大于等于10℃的活动积温在4174.6℃～5204.5℃，年平均降雨量1000mm左右，分布不均。

昆明地区受山原地貌及热带季风下生物气候的影响，红壤为基带土壤，以山原红壤为特点，土壤类型复杂多样，垂直分布明显，表现为山原型的水平地带性土壤，垂直地带性土壤和隐域性土壤镶嵌交错分布。土壤的成土母质主要是红色风化壳，有12个土类。成土母岩主要以砂岩、页岩、石灰岩及玄武岩为主，形成了亚热带山地红壤、棕壤、石灰土等多种类型。其中红壤分布最广，约占总面积的70%左右。土壤垂直分布：红壤，海拔1700～2300m；黄红壤，海拔2000～2400m；棕壤，海拔2600～3300m。

该区植被系亚热带西部中山半湿润常绿阔叶林和亚热带暖性针叶林山地灌草丛。地带性森林植被类型和种类除局部地区尚存有较完整的类型外，多被破坏。地带性植被除以滇青冈、黄毛青冈、高山栲、元洒栲为主的半湿润常绿阔叶林和与其分布及演替有密切关系的云南松外，同时还有冲天柏、翠柏、华山松、桉树等人工林。由于气候的垂直与水平差异性形成了明显的地方性气候，“滇池湖泊效应”和“山地逆温效应”起到了使本地区的光、热、水等再分配的作用，提高了本地区的热量，减轻了低温霜冻的危害，为不同树种群创造了适生的环境。

②森林资源情况。昆明全市土地总面积为2101800hm^2。其中林业用地面积1180771.9hm^2，占土地总面积的56.2%。在林业用地中，有林地767344hm^2，占林业用地（下同）的65%：疏林地25218hm^2，占2.1%；灌木林地241125.6hm^2，占20.4%：未成林造林地面积52930.2hm^2，占4.5%；苗圃地170.6hm^2；无林地面积93983.2hm^2，占8%。

全市森林覆盖率为48.0%，森林覆盖率最高的是安宁市，为63.6%；其次是富民县，为56.3%；最低的是东川，为26%；森林分布极不平衡，各地差异较大。东川的无林地有2005hm^2，占全市无林地面积的21.3%；禄劝的无林地有11718.8hm^2，占全市的12.5%。全市有林地占林地比率最高的是官渡区，达81.5%。该区也是昆明市重要的大城市防护林建设区，森林植被状况较好。

全市活立木总蓄积17491802m^3。其中林分蓄积量16849250m^3，占96.33%；疏林蓄积量79270m^3，占0.45%；散生木蓄积量108950m^3，占0.62%；四旁树蓄积量454332m^3，占2.60%。

按1999年森林分类经营区划，全市共有商品林320488.9hm^2，占林业用地的27.1%：公益林860283hm^2，占林业用地的72.9%，其中水源涵养林343770.8hm^2，水土保持林364301.7hm^2，其他防护林60641.2hm^2，自然保护区林12280.5hm^2，村寨保护林32882.5hm^2，国防林1979.4hm^2，环境保护林19960.5hm^2，风景林19451.8hm^2，其他特用林5014.6hm^2。

昆明市林种规划面积见表4-63。

表4-63 昆明市林种规划面积表

	国土面积	林业用地面积	生态公益林面积	生态公益林占林地（%）	商品林面积	商品林占林地（%）
全市总计	2101800	1180771.9	860283	72.9	320488.9	27.1
占国土面积（%）	100	56.2	40.9		15.3	
东川	187218	83738.6	74728	89.2	9010.6	10.8
官渡	102968	51226.9	37258.6	72.7	13968.3	27.3
西山	108078.3	66717.2	53610.8	80.4	13106.4	19.6
安宁	132908	96545.6	66721.3	69.1	29824.3	30.9
禄劝	424078	251864.3	151049.7	60	100814.6	40
寻甸	359559	200846.4	146688.4	73	554158	27
石林	170213	81668.8	65951	80.8	15717.8	19.2
宜良	188647	97298.1	70334.4	72.3	26963.7	27.7
晋宁	125146	77983	58243.3	74.7	19739.7	25.3
嵩明	135860	69581.8	63161.9	90.8	6419.9	9.2
富民	100309	63479.9	44763.9	70.5	18716	29.5
呈贡	46874	26076	14860.2	57	11215.8	43
海口林场	7365	6729.2	6664.2	99	65	1
方旺林场	3300	3176.9	2531.1	79.7	645.8	20.3
西山林场	4980	3839.2	3716.2	96.8	123	3.2

（2）昆明市森林生态效益评价的理论基础和原则。

①评价的理论基础和方法。本案例以西方经济学效用价值论作为昆明市森林生态效益价值评价的理论基础。因此，森林生态效益价值的大小取决于森林生态产品供求状况及公众的支付意愿和能力。

在评价中将主要采用市场替代法、影子价格法、费用支出法等来核算昆明市森林生态效益价值量的大小。

考虑到商品林是以生产木材、薪炭、干鲜果品及其他工业原料等为主要经营目的的森林和灌木林，其生态效益的发挥会因林木采伐、原料采集等而具有不稳定性，因此在核算商品林的生态效益价值时将赋予0.5的权重指数。

②评价原则。在对昆明市森林生态效益进行评价时，本案例遵循以下原则：

A. 时空统一原则：由于森林生态效益不可贮藏，因此计量中只针对某一特定年份进行当年的生态效益评价，即各年的生态效益不能累加。

B. 主导效益原则：按森林分类经营思想，公益林是以发挥生态功能为主要目的的森林，商品林是以直接经济利用为主要目的的森林。因此，计量中应能体现公益林和商品林在发挥生态效益上的不同地位。

C. 社会认可原则：森林生态效益评价研究的最终目的是推动当地林业发展，为政府制定有关费用补偿政策和标准提供科学的依据。因此，评价的结果应和当地的经济发展水平相一致，得到社会的认可。

（3）昆明市森林生态效益评价。

①涵养水源效益。

A. 森林涵养水源量的计量。据研究，土壤表层厚度为40mm的云南松林地非毛管孔隙蓄水量的平均值为35.58mm/年，裸地非毛管孔隙蓄水量为16.96mm/年，在资料有限的情况下，据此采用截留量法，根据式（4-20）计算出昆明市860283hm^{2}公益林和320488.9hm^{2}商品林的年均涵养水量分别为：

$$R_1=\sum_{i=1}^{15}(K_i-K_{i0})\times L_i\times S_i\times 10000=160184695\ （吨/年）$$

$$R_2=0.5\times\left[\sum_{i=1}^{15}(K_i-K_{i0})\times L_1\times S_{i0}\right]\times 10000=29837516\ （吨/年）$$

$$R=R_1+R_2=190022211\ （吨/年）$$

其中，R_1、R_2分别为公益林和商品林的年均涵养水量，R为森林年均涵养水量总值，S_i、S_{i0}分别为各地公益林和商品林的面积。

B. 森林增加水资源供给的经济价值计量。2001年昆明城市供水量为26053.7万m^3，占全市总供水量的27%，农业春耕生产供水量为70000万m^3，占全市总供水量的73%。以灌溉用水价为0.1元/吨、城市供水价为0.2元/吨计算，昆明市森林增加水资源供给的年经济价值为：

$$V_1=190022211\times(0.1\times 0.73+0.2\times 0.27)\approx 24132821\ （元/年）$$

C. 防洪效益。据研究，昆明市森林的单位蓄洪能力（H_i）为5018.2m^3/hm^2，无林地的单位蓄洪能力（H_0）为4108.2m^3/hm^2，修建水库和堤坝的单位库容造价平均为0.8元/m^3，根据式（4-23），昆明市森林的年均防洪效益为：

$$V_2=0.8\times\left[\sum_{i=1}^{15}S_i(H_i-H_0)+0.5\times\sum_{i=1}^{15}S_{i0}(H_i-H_0)\right]=742943984\ （元/年）$$

综上所述，昆明市森林水源涵养效益的总价值为：

$$V=V_1+V_2=767076805\ （元/年）\approx 7.671\ （亿元/年）$$

②水土保持效益。水土保持效益主要包括减少土地资源损失效益、防止泥沙滞留和淤积效益、保护土壤肥力效益三大类。

A. 森林固土量的计量。昆明市有林地比无林地减少的土壤侵蚀平均量为7吨/（hm^2·年），由此可计算出昆明市860283hm^{2}公益林和320488.9hm^{2}商品林的森林的年固土总量为：

$$Q=7\times 860283+0.5\times(7\times 320488.9)=7143692\ （吨/年）$$

B. 减少土地资源损失的经济价值。根据昆明市土地适宜性评价研究的结果，采用加权平均法可计算出昆明市森林土壤的土层平均厚度为0.52m，土壤密度为1.28g/cm^3。根据云南统计年鉴（2002），2001年昆明市林业总产值为32131万元，按林业用地面积1180771.9hm^{2}计算，林业生产的平均收益为272元/hm^2。根据式（4-26）可计算出昆明市森林减少土地资源损失的年经济价值为：

$$V_1=\frac{Q}{g\times L}\times\frac{1}{10000}\times Y=\frac{7143692}{1.28\times 0.52}\times\frac{1}{10000}\times 272=291929\ (元/年)$$

C. 减少泥沙淤积的经济价值。根据我国主要流域的泥沙运动规律，全国一般土壤侵蚀的泥沙有1/2淤积于水库、江河、湖泊。水库库容的单位建造费用以0.8元/m^3计，根据式（4-27）可得昆明市森林减少泥沙淤积的年经济价值为：

$$V_2=\frac{Q}{g}\times d\times P=\frac{7143692}{1.28}\times 0.5\times 0.8=2232403\ (元/年)$$

D. 减少土壤肥料损失的经济价值。昆明市土壤表层中氮、磷、钾的平均含量分别为0.142%、0.013%、0.205%；选作替代物的化肥及其价格如表4-64所示。

表4-64　化肥含量与价格表

化肥种类	化肥名称	相关指标	价格（元）
氮肥	硫酸铵	N≥21%	750
磷肥	磷酸二铵	N≥18%，P≥46%	3600
钾肥	氯化钾	K≥60%	1500

按市场利益最大化原则可计算出昆明市森林减少土壤肥料损失的年经济价值为：

$$V_3=7143692\left(\frac{0.205\%}{60\%}\times 1500+\frac{0.013\%}{46\%}\times 3600+\frac{0.142\%-\frac{0.013\%}{46\%}\times 18\%}{21\%}\times 750\right)$$
$$=78810230\ (元/年)$$

综上所述，昆明市森林水土保持的总价值为：

$$V=V_1+V_2+V_3=81334562\ (元/年)\approx 0.813\ (亿元/年)$$

③净化空气效益。由于SO_2和粉尘主要存在于城乡居民生产生活的范围内，而环境保护林是种植在城镇、医院、疗养院、工业区周围以净化空气为主要目的的森林和灌木林。因此在计量森林净化空气效益时，应以环境保护林的面积（19960.5hm^2）为基础。

A. 森林对SO_2的降解价值。根据《中国生物多样性国情研究报告》，针叶林对SO_2的吸收能力为251.6kg/（hm^2·年），阔叶林为88.65kg/（hm^2·年），SO_2的工业治理成本为600元/吨。在昆明全市的林分中，阔叶林面积占30.22%，针叶林面积占69.78%。因此，昆明市森林对SO_2的降解价值为：

$$V_1=600\times 19960.5\times(30.22\%\times 0.2516+69.78\%\times 0.08865)$$
$$=1651453\ (元/年)$$

B. 森林的滞尘价值。根据《中国生物多样性国情研究报告》，阔叶林的滞尘能力为10.11吨/（hm^2·年），针叶林为33.2吨/（hm^2·年）。工业削减粉尘的工程成本为170元/吨。昆明市森林的滞尘价值为：

$$V_2=170\times 19960.5\times(30.22\%\times 10.11+69.78\%\times 33.2)$$
$$=88979404\ (元/年)$$

综上所述，昆明市森林在净化大气方面的价值为：

$$V=V_1+V_2=90630857\ (元/年)\approx 0.906\ (亿元/年)$$

④改良土壤效益。昆明市每公顷森林内凋落物的平均量（G）为10.125吨/（hm^2·年），

每年总凋落物量为：

$$Q = 10.125 \times 860283 + 0.5 \times 10.125 \times 320488.9 = 10332840\ (\text{吨/年})$$

凋落物中氮、磷、钾的含量分别为0.15%、0.13%、1.02%。以硫酸铵（750元/吨）、磷酸二铵（3600元/吨）、氯化钾（1500元/吨）作为研究的替代物，由此计算出昆明市森林土壤改良效益的价值为：

$$V = 10332840 \times \left(\frac{1.02\%}{60\%} \times 1500 + \frac{0.13\%}{46\%} \times 3600 + \frac{0.15\% - \frac{0.13\%}{46\%} \times 18\%}{21\%} \times 750 \right)$$

$$= 405150656\ (\text{元/年}) \approx 4.052\ (\text{亿元/年})$$

⑤碳氧平衡效益。

A. 固定CO_2的价值。根据昆明市森林资源二类调查报告和昆明市森林分类经营区划报告，全市森林的年平均净生长率为4.67%。按森林每生产一吨干物质需固定1.63吨CO_2，固定的CO_2量折合为纯碳，根据CO_2分子式和原子量可知$C/CO_2 = 0.2729$，按1245元/吨碳的碳税标准，根据式（4-32）计算出昆明市森林固定CO_2的价值为：

$$V_1 = \sum_{i=1}^{n} M_i \times d_i \times 0.2729 \times 1245 \times 1.63$$

$$= 300529623\ (\text{元/年}) \approx 3.005\ (\text{亿元/年})$$

B. 产生O_2的价值。根据《中国生物多样性国情研究报告》，森林每生产1吨干物质释放的氧气量为1.2吨，工业制氧的平均价格为每吨400元。根据式（4-34）计算出昆明市森林释放O_2的经济价值为：

$$V_2 = \sum_{i=1}^{n} M_i \times d_i \times P \times K = 260475844\ (\text{元/年}) \approx 2.605\ (\text{亿元/年})$$

综上所述，森林在碳氧平衡方面的总价值为：

$$V = V_1 + V_2 \approx 5.610\ (\text{亿元/年})$$

⑥游憩效益。考虑到人们的游憩活动主要产生于以满足人们浏览自然风景，探索和感受大自然奥秘，调节身心健康为主要目的的风景林中，因此本案例在核算森林游憩效益时，对风景林产生的游憩效益赋予权重指数1。除此以外的公益林中，一部分因人类无法到达而不具备游憩价值，一部分因人类还未涉足而具有潜在的游憩价值，因此对这部分公益林以0.5的权重指数计算游憩价值。商品林的主要目的是提供生产原料，因此本案例认为其不具备游憩价值。

根据专家意见，昆明市森林平均的景观价值为12元/hm^2。由此可计算出昆明市森林的游憩效益为：

$$V = 12 \times 19451.8 + 12 \times (860283 - 19451.8) \times 0.5$$

$$= 5278409\ (\text{元/年}) \approx 0.053\ (\text{亿元/年})$$

根据上述研究，将各项生态效益价值量加总后得到昆明市森林生态效益的年总价值约为19.10亿元。

（4）昆明市森林生态效益总价值的修正。

对于上述评价结果，除森林游憩效益因计量时已考虑了人们的支付意愿外，其他各项核算值还应结合昆明市的社会经济发展水平进行修正。

2001年昆明市城市居民家庭月人均消费支出577.25元，其中的食品支出为238.74

元，城市居民的恩格尔系数为36.8%；农村居民月人均生活消费支出179.4元，其中的食品支出为84.7元，农村居民的恩格尔系数为47.2%。在全市487.5万总人口中，城镇人口308万，占总人口的63.2%，农村人口179.5万，占总人口的26.8%。以人口比例为权重计算出全市恩格尔系数的平均值为35.91%。

由 $En=35.91\%$ 可推知 $t=1/En-3=-0.215$，代入式（4-42）（$a=1$，$b=1$），可计算出当前收入水平下人们的支付意愿系数 $Y=0.45$。

经修正，昆明市森林生态效益的年总价值应为8.63亿元。各部分的价值量如表4-65所示。

表4-65 昆明市森林生态效益价值构成表

生态效益种类		初始价值（元）	支付意愿系数	修正价值（元）
涵养水源效益	防洪效益	742943984	0.45	334324793
	增加水资源供给	24132821	0.45	10859769
水土保持效益	减少土地损失	291929	0.45	131368
	减少泥沙淤积	2232403	0.45	1004581
	减少肥料损失	78810230	0.45	35464604
净化空气	SO_2 降解	1651453	0.45	743154
	滞尘	88979404	0.45	40040732
改良土壤效益		405150656	0.45	182317795
碳氧平衡效益	吸收 CO_2	300529623	0.45	135238330
	制造 O_2	260475844	0.45	117214130
游憩效益		5278409	1	5278409
总计		1910476756	—	862617665

5 环境影响经济评价参数体系的应用

5.1 测定出的环境影响经济评价参数

环境影响经济评价参数体系中有环境价值参数、剂量反应参数、成果参照参数和评价指标参数。

前述已测定出的环境价值参数，主要包括：

（1）环境价值参数见表5-1～表5-3。

（2）剂量反应参数见表5-4。

（3）成果参照参数见表5-5～表5-7。

（4）评价指标参数见表5-8。

表5-1 中国各地区 SO_2 污染和水土流失损害价值参数

省份	SO_2污染损害单位价值（2007年元/千克 SO_2）	水土流失单位面积直接经济损失（2007年元/hm^2）
北京	5.3	19247
天津	4.6	29547
河北	5.0	22779
山西	4.9	45459
内蒙古	4.4	4829
辽宁	4.8	44289
其中：大连	5.0	—
吉林	4.4	16774
黑龙江	4.3	24867
上海	5.7	—
江苏	5.1	47211
浙江	5.0	54688
其中：宁波	8.1	—
安徽	4.4	44386
福建	4.6	96662
其中：厦门	5.8	—
江西	4.5	113981
山东	5.3	44127
其中：青岛	5.7	—

续表 5-1

省　　份	SO_2污染损害单位价值（2007 年元/千克 SO_2）	水土流失单位面积直接经济损失（2007 年元/hm^2）
河南	4. 9	19637
湖北	4. 5	41539
湖南	4. 6	38411
广东	5. 0	39553
其中：深圳	5. 3	—
广西	4. 7	33739
海南	4. 2	20841
重庆	4. 8	77176
四川	4. 8	64217
贵州	5. 0	62827
云南	4. 4	50762
西藏	4. 2	8401
陕西	4. 8	43953
甘肃	4. 2	28389
青海	4. 2	15474
宁夏	4. 6	6930
新疆	4. 2	820
其中：建设兵团	4. 2	—
全国平均		20603

表 5-2　中国景观价值参数

景 观 类 型	单位景观价值（2007 年元/人次）
山水林风景名胜	300
城郊湿地	100
旷野湿地	150
水利工程景观	80
草原景观	130
观光农业景观	100

表 5-3 中国温室气体减排价值参数

减排温室气体的单位价值（2007—2008 年）	
10.9 美元/吨 CO_2 当量	74 元/吨 CO_2 当量

表 5-4 大气 SO_2 污染健康影响剂量反应参数

污染的健康影响	剂量反应关系系数（%）
人群全死因死亡率	0.04
人群心血管疾病死亡率	0.06
人群心血管疾病住院人次	0.19
人群呼吸系统疾病死亡率	0.18
人群呼吸系统疾病住院人次	0.15

表 5-5 成果参照法货币时间价值调整系数（中国）

年　份	中国以往各年估值调整为 2007 年元的调整系数	年　份	中国以往各年估值调整为 2007 年元的调整系数
1978	4.94	1998	1.13
1980	4.51	1999	1.14
1985	3.77	2000	1.14
1990	2.28	2001	1.13
1991	2.21	2002	1.14
1992	2.07	2003	1.13
1993	1.81	2004	1.08
1994	1.46	2005	1.06
1995	1.24	2006	1.05
1996	1.15	2007	1.00
1997	1.12		

表 5-6 成果参照法货币时间价值调整系数（美国）

年　份	美国以往各年估值调整为 2007 年元的调整系数	年　份	美国以往各年估值调整为 2007 年元的调整系数
1978	3.18	1991	1.52
1980	2.52	1992	1.48
1985	1.93	1993	1.43
1990	1.59	1994	1.40

续表 5-6

年 份	美国以往各年估值调整为2007年元的调整系数	年 份	美国以往各年估值调整为2007年元的调整系数
1995	1.36	2002	1.15
1996	1.32	2003	1.13
1997	1.29	2004	1.10
1998	1.27	2005	1.06
1999	1.24	2006	1.03
2000	1.20	2007	1.00
2001	1.17		

表 5-7 中外收入差距调整系数

参照数据来源国	美国	加拿大	澳大利亚	英国	德国
调整系数（%）	9.8	11.7	12.0	13.0	13.4

表 5-8 评价指标参数

评价指标参数	参数取值与判断标准
经济内部收益率	若经济内部收益率 > 社会折现率，则建设项目造成的环境影响处于在经济上可以承受的范围之内
经济净现值	若经济净现值 > 0，则建设项目造成的环境影响处于在经济上可以承受的范围之内

5.2 环境影响经济评价参数的应用

5.2.1 参数的使用范围

环境影响经济评价参数可用于政府部门审批和核准项目的评价工作，因为该参数的功能是帮助评价人员识别建设项目造成的非市场化影响的经济价值，并把这些经济价值纳入到项目的经济评价中。

政府投资项目关注公共物品的提供，识别出这些非市场的公共物品的经济价值，有助于阐明政府投资项目的合理性。需要政府部门核准的非政府投资项目也可能产生一些非市场化的影响，尤其是不利的环境影响，这时识别出这些环境影响的经济价值，可以为政府核准项目提供更多的评价所需信息。

政府部门备案的企业投资项目可自主参照使用。

5.2.2 参数的时效性与更新

在环境影响经济评价参数体系中，计算参数需要不断更新，以适应环境价值的变化。在环境价值参数、剂量反应参数和成果参照参数等计算参数中，有些参数比别的参数需要更快的更新。为此建议：

(1) 成果参照参数中的货币时间价值调整系数，每1年更新一次，以反映最新一年的物价指数。

(2) 温室气体减排价值参数，每1～2年更新一次，以反映CDM项目减排市场的新变化。

(3) 景观价值参数，每2年更新一次。随经济发展、生活水平的变化和基础设施的改善，景观价值会有较快的变化。

(4) SO_2污染损害价值参数，每5年更新一次，以反映各地SO_2污染程度的变化等。

(5) 水土流失损害价值参数，每5年更新一次，以反映各地经济发展的变化等。

(6) 成果参照参数中的中外收入差距调整系数，每5年更新一次，以反映中国的发展。

(7) 剂量反应参数，每5～10年更新一次。它相对比较稳定，更新是为了吸收新的研究成果。

附录1　世界银行关于环境影响经济评价的要求

世界银行关于环境影响经济评价的要求，体现在世界银行的2个业务政策（OP）中。一个是关于环境评价的OP4.01，要求尽量量化和货币化环境影响；另一个是关于投资项目经济评价的OP10.04，要求把这些环境外部性纳入到项目的经济分析中。

A1.1　关于环境评价的业务政策OP4.01中的要求

OP4.01共20条和3个附录，其中附录2“环境评价报告内容（A类项目）”中明确规定，“对每一个备选方案，要尽可能量化其环境影响，并尽量评估出该环境影响的经济价值”（For each of the alternatives，quantifies the environmental impacts to the extent possible，and attaches economic values where feasible）。

根据关于环境评价的OP4.01（以及关于环境评价的业务指令OD4.00）的要求，世界银行制定并颁布了《环境评价指南》，并不定期更新其中的相关内容。该指南共分三卷，第一卷是“政策、程序和跨部门事宜”，第二卷是“部门指南”，第三卷是“能源和矿产项目指南”。第一卷是关于世界银行环境评价的一般政策和程序要求，共7章，涉及环境评价的步骤、程序和内容。其中第4章是“考虑环境成本和效益的项目和政策的经济分析”（Economic Analysis of projects and policies with consideration of environmental costs and benefits）。

《环境评价指南》第4章的最近更新版是1999年版，它是根据世界银行环境部1998年的一个“经济分析与环境评价”更新专题成果而修订，并与该专题成果同时使用。

《环境评价指南》第4章（1999年版）较为详细地说明了环境影响经济评价的内容和方法，包括识别和量化环境影响、评估环境影响的经济价值、贴现、风险与不确定性分析等。第4章用大量篇幅说明环境影响价值评估的方法，提到了基于市场价格的方法如生产力变动法、医疗费用和人力资本法、替代成本法、机会成本法等；说明了初始的评估方法如隐含价格法、旅行费用法和意愿调查法，并讲述了成果参照法。

A1.2　关于经济评价的业务政策OP10.04中的要求

OP10.04共8条，提出了世界银行对经济评价中的八方面的要求。其中第8条是关于项目外部性的处理，提出要把外部性纳入到项目的经济评价，“世界银行投资项目应将项目的区内及跨界外部性纳入经济评价”（The economic evaluation of bank - financed projects takes into account any domestic and cross - border externalities）。

根据OP10.04和相关业务指令，世界银行出版了《投资项目经济分析手册》。手册共

13 章，涉及项目经济分析的内容和方法，包括经济费用的估算、价格扭曲的处理、费用效果分析、分析与敏感性分析，以及教育、健康和交通项目的经济分析等。其中，第 7 章环境外部性的价值评估（Valuing environmental externalities），专门讲述了环境外部性及其价值评估方法等。

OP 10. 04 – Economic Evaluation of Investment Operations.

These policies were prepared for use by World Bank staff and are not necessarily a complete treatment of the subject.

OP 10. 04

September, 1994

Note: OP 10. 04 replaces the version dated April 1994. Please retain the April 1994 BP 10. 04. OP and BP 10. 04 are complemented by OP/BP10. 00, *Investment Lending: Identification to Board Presentation.* OP and BP 10. 04 replace the Operational Memorandum *Treatment of Environmental Externalities in the Evaluation of Investment Projects*, 10/4/93, and draw on the following documents: OMS 2. 20, *Project Appraisal*; OMS 2. 21, *Economic Analysis of Projects*; OPN 2. 01, *Investment Criteria in Economic Analysis of Projects*; OPN 2. 02, *Risk and Sensitivity Analysis in the Economic Analysis of Projects*; OPN 2. 04, *Economic Analysis of Projects with Foreign Participation*; OPN 2. 05, *Foreign Exchange Effects and Project Justification*; OPN 2. 06, *Use of the Investment Premium and Distribution Weights in Project Analysis*; OPN 2. 07, *Reporting and Monitoring Poverty Alleviation Work in the Bank*; and OPN 2. 09, *Presentation of Project Justification and Economic Analysis in Staff Appraisal Reports.* Additional guidance on project economic evaluation is provided in Handbook on Economic Analysis of Investment Operations. Questions may be addressed to opmanual@ worldbank. org.

1. The Bank① evaluates investment projects to ensure that they promote the development goals of the borrower country. For every investment project, Bank staff conduct economic analysis to determine whether the project creates more net benefits to the economy than other mutually exclusive options for the use of the resources in question. ②

Criterion for Acceptability

2. The basic criterion for a project's acceptability involves the discounted expected present value of its benefits, net of costs. Both benefits and costs are defined as incremental compared to the situation without the project. To be acceptable on economic grounds, a project must meet two conditions: (a) the expected present value of the project's net benefits must not be negative; and

① "Bank" includes IBRD and IDA, and "loans" includes IDA credits and IDA grants.

② All flows are measured in terms of opportunity costs and benefits, using "shadow prices," and after adjustments for inflation.

(b) the expected present value of the project's net benefits must be higher than or equal to the expected net present value of mutually exclusive project alternatives. ①

Alternatives

3. Consideration of alternatives is one of the most important features of proper project analysis throughout the project cycle. To ensure that the project maximizes expected net present value, subject to financial, institutional, and other constraints, the Bank and the borrower explore alternative, mutually exclusive, designs. The project design is compared with other designs involving differences in such important aspects as choice of beneficiaries, types of outputs and services, production technology, location, starting date, and sequencing of components. The project is also compared with the alternative of not doing it at all.

Nonmonetary Benefits

4. If the project is expected to generate benefits that cannot be measured in monetary terms, the analysis (a) clearly defines and justifies the project objectives, reviewing broader sectoral or economywide programs to ensure that the objectives have been appropriately chosen, and (b) shows that the project represents the least-cost way of attaining the stated objectives.

Sustainability

5. To obtain a reasonable assurance that the project's benefits will materialize as expected and will be sustained throughout the life of the project, the Bank assesses the robustness of the project with respect to economic, financial, institutional, and environmental risks. Bank staff check, among other things, (a) whether the legal and institutional framework either is in place or will be developed during implementation to ensure that the project functions as designed, and (b) whether critical private and institutional stakeholders have or will have the incentives to implement the project successfully. Assessing sustainability includes evaluating the project's financial impact on the implementing/sponsoring institution and estimating the direct effect on public finances of the project's capital outlays and recurrent costs.

Risk

6. The economic analysis of projects is necessarily based on uncertain future events and inexact data and, therefore, inevitably involves probability judgments. Accordingly, the Bank's economic evaluation considers the sources, magnitude, and effects of the risks associated with the project by taking into account the possible range in the values of the basic variables and assessing the robustness of the project's outcome with respect to changes in these values. The analysis estimates the switching values of key variables (i. e., the value that each variable must assume to reduce the net present value of the project to zero) and the sensitivity of the project's net present

---

① Although it has long been the Bank's policy to calculate the expected net present value, standard practice has been to calculate the expected internal rate of economic return, that is, the rate of discount that results in a zero expected net present value for the project. The expected rate of return is not fully satisfactory (e. g., when comparing mutually exclusive project alternatives); however, it is widely understood and may continue to be used for the purpose of presenting the results of analysis.

value to changes in those variables (e. g., delays in implementation, cost overruns, and other variables that can be controlled to some extent). The main purpose of this analysis is to identify the scope for improving project design, increase the project's expected value, and reduce the risk of failure.

Poverty

7. The economic analysis examines the project's consistency with the Bank's poverty reduction strategy. ① If the project is to be included in the Program of Targeted Interventions, the analysis considers mechanisms for targeting the poor.

Externalities

8. A project may have domestic, cross – border, or global externalities. ② A large proportion of such externalities are environmental. The economic evaluation of Bank – financed projects takes into account any domestic and cross – border externalities. A project's global externalities—normally identified in the Bank's sector work or in the environmental assessment process—are considered in the economic analysis when (a) payments related to the project are made under an international agreement, or (b) projects or project components are financed by the Global Environment Facility. ③ Otherwise, global externalities are fully assessed (to the extent tools are available) as part of the environment assessment process④ and taken into account in project design and selection. ⑤

---

① SeeOP 1.00, *Poverty Reduction.*

② "Cross – border externalities" are effects on neighboring countries (e. g., effects produced by the construction of a dam on a river). "Global externalities" affect the entire world (i. e., emissions of greenhouse gases or ozone – depleting substances, pollution of international waters, or impacts on biodiversity).

③ SeeOD 9.01, *Procedures for Investment Operations under the Global Environment Facility* (to be reissued as OP/BP 10.20).

④ SeeOP/BP 4.01, *Environmental Assessment.*

⑤ The Bank's Environment Department provides guidance on analyzing, ranking, and physically quantifying environmental externalities—whether domestic, cross – border, or global—and on taking them into account in project design and selection.

附录2　亚洲开发银行关于环境影响经济评价的要求

亚洲开发银行（以下简称亚行）关于环境影响经济评价的要求，体现在亚行的业务指南（OM）及其相关指南中，具体为：一是在业务指南里关于项目经济分析的业务程序（OP）OM G1/OP 中，二是在亚行《环境影响经济评价手册》中。

A2.1　关于经济分析的业务程序 OM G1/OP 中的要求

OM G1/OP 共有 4 条，提出了亚行关于项目经济分析的要求。其中，第 2 条列举了经济分析的必要内容，包括项目宏观经济背景分析、部门背景分析、需求分析、项目必要性、备选方案、成本效益识别与比较等。其中，要求“除项目的直接成本和效益外，项目的外部性，例如环境成本和效益也要纳入经济分析”（In addition to costs and benefits that relate directly to the project，external factors，such as environmental costs or benefits，may also need to be included）。

与 OM G1/OP 相配合的，是亚行的《项目经济分析指南》，指南共 15 章和 29 个附录。正文 15 章中详细说明了亚行项目经济分析的要求，包括背景分析、经济费用和效益的估算、最小费用分析和费用效果分析等。附录对有关内容进行了更详细的解释。附录 24“环境影响的经济评价”说明了环境影响经济评价的步骤、内容和方法。

A2.2　环境影响经济评价手册

亚行为了配合业务手册中关于环境评价的亚行政策（BP）OM F1/BP 和关于经济评价的 OM G1/OP 中对环境影响经济评价的要求，专门编写了《环境影响经济评价手册》共 11 章和 10 个附录，详细说明了环境影响经济评价的步骤、内容和方法，并对电力能源项目、工业项目、农业项目、市政项目等作了进一步的阐释。

环境影响经济评价手册的内容目录如下：

附录1　环境影响量化
附录2　生物多样性评估
附录3　有毒危险品的健康风险评估
附录4　健康影响的价值评估
附录5　空气质量变化（PM_{10}和臭氧）对人类健康的影响
附录6　空气污染对人类福利影响的价值评估
附录7　污染排放的单位价值评估方法
附录8　项目对全球气候变化的影响
附录9　用人均GDP差别来调整环境价值
附录10　价值评估小结

ADB OPERATIONS MANUAL

OPERATIONAL PROCEDURES (OP)　　　　OM SECTION G1/OP

These policies were prepared for use by ADB staff and are not necessarily a complete treatment of the subject.

ECONOMIC ANALYSIS OF PROJECTS

A. Introduction

1. ADB's policy requires that all investment activities be subjected to economic analysis in order to ensure the economic and efficient use of resources.

B. Application of the Policy

2. Economic analysis comprises a quantitative and qualitative examination in sufficient depth to determine the acceptability of an investment project in terms of economic efficiency and sustainability. The analysis should include the elements identified below.

(i) Review of macroeconomic context. A project cannot be designed and implemented in isolation from the rest of the economy. A review of the macroeconomic context is needed to provide an understanding of the economy's overall performance and outlook, and of how specific macroeconomic factors may affect project performance. This review, which underpins subsequent stages of the economic analysis, is normally undertaken during preparation of the country strategy and program (CSP) and its update (CSPU).

(ii) Review of sector context. Analysis and understanding of markets, public institutions, and the policy environment provides the basis for identifying of market and institutional failures. When subsequently combined with sector wide demand and supply analysis, this provides the basic rationale for a possible investment project.

(iii) Demand analysis. A project that does not meet the consumer's or user's demand for particular goods or services will not generate benefits and will result in inefficient investment. Demand analysis provides the basis for identifying the goods or services needed by users and for estimating the scale of, and economic benefits from, an investment project.

(iv) Identification of project rationale. The rationale for public intervention in a sector can be based on the failure of (a) markets to adequately provide what society wants, or (b) public institutions to deliver public goods or services. Clear definition of the project rationale helps to narrow down the possible alternative ways of meeting a development objective.

(v) Identification of project alternatives. All alternative, mutually exclusive ways of meeting the intended development objective should be identified, and consideration given to what will happen without the proposed project. Alternative project designs need to be compared in terms of scale, location, technology, and timing. Demand factors will also be important. Least - cost analysis must be undertaken to identify the preferred alternative. The basis for selecting the preferred alternative should be clearly explained, particularly if it is not the least - cost alternative in economic terms.

(vi) Identification and comparison of project costs and benefits. The economic costs and benefits associated with the preferred project alternative relative to the without - project case must be identified and valued appropriately. In addition to costs and benefits that relate directly to the project, external factors, such as environmental costs or benefits, may also need to be included. Project outputs need to be separated into those that substitute for other outputs without the project and those that add to total supply within the economy, as these different types of output are treated differently for purposes of valuation.

(a) Costs and benefits must be estimated in terms of a common economic price level and a common unit of account in order to allow comparison. Prices can be expressed in terms of either the domestic price level or the world price level. The unit of account can be either the domestic currency or an international currency.

(b) When economic costs and benefits have been valued on a consistent basis, using a common price level and in terms of a common unit of account, various criteria are applied to test whether the project represents an economically efficient investment. The basic criteria for assessing a project's economic viability are the economic net present value (ENPV) and the economic internal rate of return (EIRR). For a project or a subproject to be acceptable, the EIRR should equal or exceed the economic opportunity cost of capital (EOCC) for the borrowing country. Given the complexity of estimating country - specific EOCCs, a discount rate of 12% in constant economic prices is generally used as a proxy for EOCC in the economic analysis of ADB - financed projects. Where significant unquantifiable net benefits are believed to be likely, the discount rate or EIRR may be between 10% and 12%.

(c) For projects with benefits that can be quantified but not valued, it will not be possible to calculate ENPV or EIRR. For such projects, economic analysis will be based on an analysis of the cost - effectiveness of alternative ways of achieving the targeted level of benefits.

(vii) Assessment of project sustainability. A project is sustainable if its net benefits endure throughout its life at a level sufficient to meet the economic viability criteria. Economic benefits depend on financial and institutional sustainability, and the ability of business entities to perform financially. For revenue generating projects, financial analysis for project participants is an important element of sustainability analysis, as it establishes if (a) incentives are sufficient for producers to participate in the project; and (b) funds will be sufficient for investment, operation, and maintenance. For all projects, particularly that do not generate revenue, the fiscal impact during implementation and operation needs to be carefully considered. Any subsidies associated with a project must also be identified and quantified.

(viii) Distribution of project effects. Project beneficiary and stakeholder groups, and the extent to which they gain from benefits or bear costs associated with a project, should be identified. Where project effects are intended to benefit a particular target group, the proportion of net benefits going to that group should be assessed.

(ix) Sensitivity and risk analysis. Future events always entail a degree of uncertainty; thus, it is necessary to understand the variables in an economic analysis that are subject to risk, the source of the risks, and the probable extent of variation. Sensitivity analysis is undertaken to identify the parameters that are uncertain and to which the ENPV and EIRR are sensitive. Switching values, showing the change in a variable necessary to change the project decision from acceptance to rejection, should be presented for key variables. These can then be compared with experience from previous projects. A quantitative risk analysis is recommended for large projects, those with an EIRR close to 12% and those with a high degree of associated risk. A qualitative assessment of risk should be undertaken for all projects. Sensitivity and risk analyses contribute to improved project design and help identify action needed to mitigate against major sources of uncertainty.

(x) Identification of indicators for project performance monitoring system. Economic analysis, as undertaken before the commencement of project implementation, is based on assumptions about expected future values of key variables. Once implementation commences, monitoring of actual outcomes is necessary for managing implementation and assessing development impact. The project performance management system should include the key variables necessary to identify a project's impact during implementation and operation.

3. The economic analysis of an investment project, including its underlying assumptions, is to be incorporated into the report and recommendation of the President. Given the page limits for this report, a supplementary appendix may be used to document full details of the economic analysis. Cross - references to other relevant ADB documents, such as project/program preparatory technical assistance reports and the CSP or CSPU should be incorporated as appropriate.

4. The project team, which is tasked with designing, preparing, and appraising an investment project, is responsible for preparing the economic analysis, while the director general of the regional department concerned is responsible for the quality of the economic analysis. Management considers the economic analysis in making its decisions on each investment project. The Economic Analysis and Operations Support Division of the Economics and Research Department provides advisory services throughout this process. The division is responsible for reviewing the economic analysis at appropriate stages of project processing and for providing guidance thereon.

参考文献

艾运盛，高岚，邱俊齐．1996．武夷山国家风景名胜区游憩效益的评价．北京林业大学学报，18（3）：89－97．

蔡宏道．1995．现代环境卫生学．北京：人民卫生出版社．

蔡银莺，张安录．2007．城郊休闲农业景观地游憩价值估算——以武汉市石榴红农场为例．中国土地科学，21（5）：27－35．

常桂秋，潘小川，谢学琴，等．2003．北京市大气污染与城区居民死亡率关系的时间系列研究．卫生研究，32（6）：565－567．

常桂秋，王灵菇，潘小川．2003．北京市大气污染物与儿科门急诊就诊人次关系的研究．中国校医，17（4）：295－297．

陈秉衡，洪传洁，朱惠刚，等．2002．上海市城区大气二氧化硫污染对健康影响的定量评价．环境与健康杂志，19（1）：11－13．

陈浮，张捷．2001．旅游价值货币化核算研究——九寨沟案例分析．南京大学学报（自然科学版），37（3）：296－304．

陈光．2008．国际买家淘金中国碳交易．中国证券报，2008－04－08．

戴广翠，高岚，艾运盛．1998．对森林游憩价值经济评估的研究．林业经济，（2）：65－74．

迪克逊 JA，斯库拉 LF，等．2001．环境影响的经济分析．北京：中国环境科学出版社．

丁剑，彭瑞玲，岳伟，等．2004．北京某城区居室内空气污染现状及其影响因素．环境与健康杂志，21（6）：361－363．

董良才，刘华玉．2010．集装箱港口建设项目环境影响经济评价．水运工程，（3）：28－31．

高吉喜，曹洪法．1994．矿物油对土壤污染和对蔬菜影响的研究．水土保持研究，1（5）：90－95．

高悦，沈昊婧，李孔明．2008．用改进的旅行费用法评估东湖风景区的游憩价值．中国集体经济，（4）：72－73．

郭索彦，姜德文，赵永军，等．2008．建设项目水土流失现状与综合治理对策．中国水土保持学，6（1）：51－56．

国家发改委国家气候变化对策协调小组．2008．中国 CDM 项目注册最新进展．中国清洁发展机制网，http://cdm. ccchina. gov. cn/web/index. asp.

国家发改委，建设部．2006．建设项目经济评价方法与参数（第三版）．北京：中国计划出版社．

国家环保总局，国家统计局．2006．中国绿色国民经济核算研究报告2004（公众版）．

郝伟罡，李畅游，张生，等．2007．自然保护区游憩价值评估的分组旅行费用区间分析法．旅游学刊，（7）：23－28．

霍焕．1979．水泥粉尘对不同作物的影响研究．北京环境科学研究所研究报告．

家路美．2008．逐鹿碳交易，全球交易所竞争加剧．证券日报，2008－06－11．

姜德文. 2007. 开发建设项目水土保持损益分析研究. 北京: 北京林业大学.
靳乐山. 1998. 2000年北京大气SO_2浓度削减50%的健康效益——人力资本法研究. 中国环境科学, 18 (3): 280-283.
阚宏钧, Noreen Clancy. 2002. 中国电力行业二氧化硫减排技术及其成本分析. //二氧化硫排放交易——中国的可行性. 北京: 中国环境科学出版社: 179-184.
李巍, 李文军. 2003. 用改进的旅行费用法评估九寨沟的游憩价值. 北京大学学报 (自然科学版), 39 (4): 548-555.
李智广, 曹炜, 刘秉正, 等. 2008. 我国水土流失状况与发展趋势研究. 中国水土保持科学, 6 (1): 57-62.
廖永进, 王力, 骆文波. 2007. 火电厂烟气脱硫装置成本费用的研究. 电力建设, (4): 82-86.
姜涛, 2007. 山东省环境污染经济损失的评估. 济南: 山东大学.
刘敏, 陈田, 刘爱利. 2008. 旅游地游憩价值评估研究进展. 人文地理, (1): 13-19.
吕君, 汪宇明, 刘丽梅. 2006. 草原生态系统旅游价值的评估——以内蒙古自治区四子王旗为例. 旅游学刊, (8): 69-74.
牛军让, 刘仓, 侯军岐. 2005. 用意愿调查法评估都市农业游憩价值——以杨凌国家农业高新产业园区都市农业建设为例. 中国农业科技导报, 7 (6): 72-77.
乔光华, 王海春, 韩国栋, 等. 2005. 达里诺尔国家级自然保护区游憩服务功能价值评估. 绿色中国, (12): 53-55.
任勇, 孟晓堂, 毕华兴. 1997. 水土流失经济损失估算及环境经济学思考. 中国水土保持, (4): 48-50, 58.
山东省物价局课题组, 2005. 山东省火电烟气脱硫成本典型案例分析. 中国物价, (8): 50-53.
山东水利网. 2008. 2003年水土保持概括. http://www.sdwr.gov.cn/default3.aspx? entityid=fL2904&fid=1.
世界银行. 1997. 碧水蓝天: 展望21世纪的中国环境. 北京: 中国财政经济出版社.
水利部. 2007. 全国水土保持监测公报2003. http://www.mwr.gov.cn/index/2003sbjcgb/07.jpg.
水利部. 2008. 中国水土保持公报2006.
万晔, 杨秀萍, 秦百顺. 2007. 我国水土流失区域分异宏观特征、规律和水土保持生态建设方略探讨. 资源环境与发展, (2): 24-29.
王洪翠, 吴承祯, 洪伟, 等. 2007. 武夷山风景名胜区游憩服务功能价值评估. 福建农林大学学报 (哲学社会科学版), 10 (2): 60-63.
王慧文, 潘秀丹. 2007. 沈阳市大气二氧化硫污染对呼吸系统疾病死亡率的影响. 环境与健康杂志, 24 (10): 762-765.
王慧文, 潘秀丹, 林刚. 2002. 沈阳市空气二氧化硫污染对心血管疾病死亡率的影响. 环境与健康杂志, 19 (1): 50-52.
王见. 2006. 昆明市森林生态效益经济评价. 昆明: 西南林学院.
魏复盛, 等. 2001. 空气污染对呼吸健康影响研究. 北京: 中国环境科学出版社.

吴刚，等. 1994. 酸沉降对重庆南岸马尾松针叶林年生物生产量的影响及其经济损失的估算. 环境科学学报，14（4）：461－465.

吴金贵，王祖兵. 2008. 环境相关疾病负担评估方法. 环境与职业医学，（1）：87－89.

吴章文，罗艳菊. 2002. 鼎湖山风景区森林游憩价值评估研究. 林业经济，（9）：40－42.

武雪芳，等. 2002. 全国大气环境资源区划//二氧化硫排放交易——中国的可行性. 北京：中国环境科学出版社.

夏建国，胡萃，刘芸. 2006. 川西低山区土壤侵蚀经济损失及其评估模式——以名山县蒙山为例. 生态学报，26（1）：3697－3704.

肖明. 2008. 北京碳交易所待产. 21世纪经济报道，2008－05－29.

谢贤政，马中. 2006. 应用旅行费用法评估黄山风景区游憩价值. 资源科学，28（3）：128－136.

谢贤政，马中. 2005. 应用旅行费用法评估环境资源价值的研究进展. 合肥工业大学学报（自然科学版），28（7）：730－737.

谢旭轩，2011. 健康的价值：环境效益评估方法与城市空气污染控制策略. 北京大学博士论文.

徐篙龄. 1998. 中国环境破坏的经济损失计量——实例与理论. 北京：中国环境科学出版社.

徐肇翊，刘允清，俞大乾，等. 1996. 沈阳市大气污染对死亡率的影响. 中国公共卫生学报，15（1）：61－64.

许月卿，蔡运龙. 2006. 土壤侵蚀经济损失分析及价值估算——以贵州省猫跳河流域为例. 长江流域资源与环境，15（4）：470－474.

薛达元，包浩生，李文华. 1999. 长白山自然保护区生物多样性旅游价值研究. 自然资源学报，1999，14（2）：140－145.

杨爱民，庞有祝，李铁铮，等. 2003. 水土流失经济损失计量研究评述. 中国水土保持科学，1（1）：108－110.

杨金田，曹东，王金南，等. 2002. 中国二氧化硫排污交易的可行性研究. //二氧化硫排放交易——中国的可行性. 北京：中国环境科学出版社：65－110.

杨志新，郑大玮，李永贵. 2004. 北京市土壤侵蚀经济损失分析及价值估算. 水土保持学报，18（3）：175－178.

於方，过孝民，张衍燊，等. 2007. 2004年中国大气污染造成的健康经济损失评估. 环境与健康杂志，24（12）：999－1004.

翟印礼，谢海军，王巍. 2008. 运用改进TCM法评估森林旅游资源的经济价值——以长白山景区为例. 绿色财会，（1）：36－38.

张晓. 2002. Valuing mortality risk reductions using the contingent valuation methods：evidence from a survey of Beijing Residents in 1999. 北京：中国社会科学院环境发展中心.

张茵，蔡运龙. 2004. 基于分区的多目的地TCM模型及其在游憩资源价值评估中的应用——以九寨沟自然保护区为例. 自然资源学报，19（5）：651－661.

赵越. 2007. 大气污染对城市居民的健康效应及经济损失研究. 北京：中国地质大学.

中国环境与发展国际合作委员会. 1997. 中国自然资源定价研究. 北京：中国环境科学出

版社.

钟姗姗. 2007. 旅行费用法在水利工程景观价值评价中的应用. 水利经济, 25 (6): 63 - 66.

周燕荣, 曾庆, 徐放. 1997. 重庆地区大气污染与住院病人动态的相关性分析. 现代预防医学, 24 (1): 43 - 45.

朱高洪, 毛锋. 2007. 我国水土流失影响辨识与直接经济损失评估. 中国水土保持, 2007 (8): 4 - 7.

朱高洪, 毛志锋. 2008. 我国水土流失的经济影响评估. 中国水土保持科学, 6 (1): 63 - 66.

Alberini, A., S. Tonin, M. Turvani, et al. 2007. Paying for permanence: public preferences for contaminated site cleanup. The Journal of Risk and Uncertainty, 34: 155 - 78.

Asian Development Bank. 1996. Economic evaluation of environmental impacts: a workbook. Manila: Asian Development Bank.

Asian Development Bank. 1997. Guidelines for the economic analysis of projects. ADB.

Aunan K, Pan XC. 2004. Exposure - response functions for health effects of ambient air pollution applicable for China: a Meta analysis. Science of the Total Environment, 329: 3 - 16.

Bellavance, F., G. Dionne, M. Lebeau. 2009. The value of a statistical life: A Meta - Analysis with a mixed effects regression model. Journal of Health Economics.

Chen Guifeng, Wu Lixing. 1999. Development of coal preparation - power generation to use coal in a clean and efficient way. Proceedings of the Second International Conference on Clean Coal Technologies. Beijing China.

Daniels M, Dominici F, Samet J, et al. 2000. Estimating particulate matter mortality dose - respose curves and threshold Levels: an analysis of daily time - series for the 20 largest US cities. Am J Epidemol, 152: 397 - 406.

Dekker, T., R. Brouwer, M. Hofkes, et al. 2011. The effect of risk context on the value of a statistical life: a bayesian Meta - model. Environmental and Resource Economics. forthcoming.

Desai, A. Manish. 2004. Assessing the environmental burden of disease from solid fuel use at local to gobal levels. http://www.crdi.ca/forum2003/ev - 24193 - 201 - 1 - DO_TOPIC.html.

Dixon, John A., Maynand M. Hufschmidt. 1986. Economic valuation techniques for the environment: a case study workbook. Baltimore, Md.: Johns Hopkins University Press.

Du Yaping. 1999. The value of improved water quality for recreation in East Lake, Wuhan, China: an application of contingent valuation and travel cost methods. http://www.idrc.org.sg/es/ev - 8440 - 201 - 1 - DO_TOPIC.html.

FAO. 1989. Estimating biomass and biomass change of tropical forests: a primer, FAO Forestry Paper No. 134.

Fewtrell L., Kaufmann R, Pruss - ustun A. 2003. Lead: assessing the environmental burden of disease at national and local levels. Gevena: WHO.

Fisher W. L. et al. 1989. The value of reducing risks of death: a note on new evidence.

Journal of Policy Analysis and Management, 8 (1): 88 - 100.

Fredrik Carlsson, Mitesh Kataria, Alan J. Krupnick, et al. 2010. The Truth, the whole truth and nothing but the truth. RFF Discussion Paper EfD 10 - 24.

Freeman A. M. Ⅲ. 1993. The measurement of environmental and resource values: theory and methods. Washington, D. C.: Resources for the Future.

Hammitt, J. K., N. Treich. 2007. Statistical vs. identified lives in benefit - cost analysis. Journal of Risk and Uncertainty, 35: 45 - 66.

Hammitt, J. K., Y. Zhou. 2005. The economic value of air - pollution related health risks in China: a contingent valuation study. Environmental and Resource Economics, 33: 399 - 423.

Houtven, G. V., Maureen L. Cropper. 1996. When is a life too costly to save? The evidence from US environmental regulations. Journal of Environmental Economics and Management, 30: 348 - 368.

Jin LB, et al. 1999. Association between air pollution and mortality in Benxi, China. Chinese Public Health, 15 (3): 211 - 212.

Jin LB, Qin Y, Xu Z. 2000. Relationship between air pollution and acute and chronic respiratory disease inBenxi, China. Chinese Environmental Health, 17 (5): 268 - 270.

Joel Schwartz, Francine Laden, Antonella Zanobeti. 2002. The Concentration - Response Relation between $PM_{2.5}$ and Daily Deaths. Environ mental Health Perspectives, 110 (10): 1025 - 1029.

Johannesson, M. et al. 1995. Valuing changes in health: theoretical and empirical issues// Current Issues in Environmental Economics. Manchester: Manchester University Press, 79 - 97.

Kahneman, Daniel, Tversky, et al. 1973. On the psychology of prediction. Psychological Review, 80 (4): 237 - 51.

Kan H, Chen B. A. 2003. Case - crossover analysis of air pollution and daily mortality in Shanghai. Journal of Occupational Health, 45: 119 - 124.

Kochi, Ikuho, Bryan Hubbell, Randall Kramer. 2006. An Empirical bayes approach to combining and comparing estimates of the value of a statistical life for environmental policy analysis. Environmental and Resource Economics.

Krupnick, A., S. Hoffmann, B. Larsen, et al. 2006. The willingness to pay for mortality risk reductions in Shanghai and Chongqing, China. Washington, D. C.: Resources for the Future.

Lave, L. B., E. P. Seskin. 1970. Air pollution and human health. Science, 169 (Aug.): 723 - 733.

Lindhjem, H., S. Navrud, N. A. Braathen. 2010. Valuing lives saved from environmental, transport, and health policies: a Meta - analysis of stated preference studies. Prepared for the Organization for Economic Co - operation and Development. ENV/EPOC/WPNEP (2008) 10/FINAL.

Loomis, John. 2005. Updated outdoor recreation use values on national forests and other public lands. U. S. Department of Agriculture, Forest Service, Pacific Northwest Research Station. ftp: //ftp - fc. sc. egov. usda. gov/Economics/recreate/pnw - gtr658. pdf.

Markandaya, A. , Edward Barbier, David Pearce. 1994. Blueprint for a greeneconomy. London: Earthscan.

Mathers C, Stein C, Doris M F. 2002. Global burden of disease 2000: version 2 methods and results. Gevena: WHO.

Miller, T. R. 2000. Variations between countries in values of statistical life. Journal of Transport Economics and Policy.

Mrozek, Janusz R. Laura O. Taylor. 2002. What determines the value of Life? A meta - analysis. Journal of Policy Analysis and Management.

NAPA. 1990. National acid precipitation assessment program. http://gcmd. nasa. gov/KeywordSearch/Metadata. do? Portal = GCMD&KeywordPath = % 5BProject% 3A + Short_Name% 3D% 27NAPAP% 27% 5D&OrigMetadataNode = GCMD&EntryId = EPA0141&MetadataView = Full&MetadataType = 0&lbnode = mdlb2.

NOAA. 1994. NOAA rule: Regulations for the assessments of natural resources damages. Federal Register, 59 (Jan. 7): 1062 - 1189.

NORAD. 2000. Guangzhou air quality action plan 2001. NORAD Project CHN 013.

Pope CA. 2000. Invited commentary: particulate mater - mortality exposure - response relations and threshold. Am J Epidemiol, 152: 407 - 412.

Qian Z, Chapman RS, Tian Q, et al. 2000. Effects of air pollution on children's respiratory health in three Chinese cities. Arch Environ Health, 55 (2): 126 - 134.

Saez M, Figueiras A, Ballester F, et al. 2001. Comparing meta - analysis and ecological - longitudinal analysis in time - series studies //A case study of the efects of air pollution on mortality in three Spanish cities. Epidemiol Community Health, 55: 423 - 432.

Shah, Jitendra, Tanvi Nagpal, Todd Johnson, et al. 2000. Sulfur control options for china: cost effectiveness of targeted control policy using RAINS - Asia//Presented at the Professional Association for China's Environment (PACE) meeting sponsored by the World Bank. Washington D. C.

Simpson RVA, Williams G, Petroeschevsky, et al. 1997. Associations between outdoor air pollution and daily mortality in Brisbane, Australia. Arch Environ Health, 52 (6): 442 - 54.

Smil V. 1996. Environmental problems in China: estimation of economic costs. East - West Center Special Report.

Smith K R, Corvalan C F, Kjellstrom T. 1999. How much global ill - health is attributable to environmental factors?. Epidemiology, 10 (5): 573 - 584.

Unites States Environmental Protection Agency. 1997. The benefits and costs of the clean air act: 1970 - 1990. US EPA.

US Department of Labor. 2008. Bureau of Labor Statistics, ftp://ftp. bls. gov/pub/special. requests/cpi/cpiai. txt.

Vaclav S. 1996. Environmental problems in China: estimates of economic costs. East - West

Center Special Report.

Van Houtven, G. L., Cropper, M. L. 1996. When is a life too costly to save? The evidence from U. S. environmental regulations. Journal of Environmental Economics and Management, 30 (3): 348 - 368.

Venners SA, Wang B, Peng Z, et al. 2003. Particulate matter, sulfur dioxide, and daily mortality in Chongqing, China. Environ mental Health Perspectives, 111 (4): 562 - 567.

Viscusi, W. Kip, Joseph E. et al. 2003. The value of a statistical life: a critical review of market estimates throughout the world. Journal of Risk and Uncertainty, 27: 1, 5 - 76.

Wang, H., J. Mullahy. 2006. Willingness to pay for reducing fatal risk by improving air quality: a contingent valuation study inChongqing, China. Science of the Total Environment, 367: 50 - 57.

Whittington D., J. Briscoe, X. Mu, et al. 1990. Estimating the willingness to pay for water services in developing countries: a case study of the use of contingent valuation surveys in Southern Haiti. Economic Development and Cultural Change, 38: 293 - 311.

WHO. 2004. Global Burden of Diseases. http://www.who.int/evidence/bod.

Wong CM, Atkinson RW, Anderson HR, et al. 2002. A tale of two cities: effects of air pollution on hospital admissions in Hong Kong and London compared. Environ mental Health Perspectives, 110: 67 - 77.

Wong CM, Ma S, Hedley AJ, et al. 2001. Effect of air pollution on daily mortality in Hong Kong. Environmental Health Perspectives, 109 (4): 335 - 340.

Wong TW, Lau TS, Yu TS, et al. 1999. Air pollution and hospital admissions for respiratory and cardiovascular diseases in Hong Kong. Journal of Occupational and Environment Medicine, 56: 679 - 683.

World Bank. 1991. Environmental assessment sourcebook, Volume 1 policies, procedures, and cross - sectoral issues. Washington, D. C.: World Bank.

World Bank. 2007. Cost of Pollution in China: economic estimates of physical damages. http://www.worldbank.org/eapenvironment.

World Bank. 2007. State and trends of the carbon market 2007. http://carbonfinance.org/Router.cfm? Page = DocLib&ht = 25621&dtype = 25622&dl = 0.

Xiao, HP, et al. 1990. Effects of air pollution on human respiratory disease in Shenyang. Chinese Public Health, 6 (5): 195 - 198

Xu X, Wang L. 1993. Associations of indoor and outdoor particulate level with chronic respiratory illness. American Review of Respiratory Diseases, 148: 1516 - 1522.

Xu Z, Yu D, Jing L, et al. 2000. Air pollution and daily mortality in Shenyang, China. Arch Environ Health, 55 (2): 115 - 120.

Xu, Xiping et al. 1994. Air pollution and daily mortality in residential areas of Beijing, China. Archives of Environmental Health, 49 (4): 411 - 417.

Zhang J, Qian Z, Kong L, et al. 1999. Effects of air pollution on respiratory health of adults in three Chinese cities. Archives of Environmental Health, 54 (6): 373 - 382.

